Габриэль Кастеллано
Дидье Гастманс

Выбросы углекислого газа из почвы в атлантическом тропическом лесу

Габриэль Кастеллано
Дидье Гастманс

Выбросы углекислого газа из почвы в атлантическом тропическом лесу

Полулиственный сезонный лес

ScienciaScripts

Imprint

Any brand names and product names mentioned in this book are subject to trademark, brand or patent protection and are trademarks or registered trademarks of their respective holders. The use of brand names, product names, common names, trade names, product descriptions etc. even without a particular marking in this work is in no way to be construed to mean that such names may be regarded as unrestricted in respect of trademark and brand protection legislation and could thus be used by anyone.

Cover image: www.ingimage.com

This book is a translation from the original published under ISBN 978-620-2-04929-0.

Publisher:
Sciencia Scripts
is a trademark of
Dodo Books Indian Ocean Ltd. and OmniScriptum S.R.L publishing group

120 High Road, East Finchley, London, N2 9ED, United Kingdom
Str. Armeneasca 28/1, office 1, Chisinau MD-2012, Republic of Moldova, Europe
Printed at: see last page
ISBN: 978-620-7-24413-3

РЕЗЮМЕ

1. ВВЕДЕНИЕ

Выбросы парниковых газов (CO_2, CH_4, N_2O и других, присутствующих в атмосфере) стали одной из главных экологических проблем современности (KUNTORO, 2009). Среди этих газов углекислый газ (CO_2) отвечает примерно за 60 % усиления парникового эффекта (FERNANDES, 2003), поскольку с начала промышленной революции концентрация этого газа в атмосфере выросла с 280 ppm до примерно 390 ppm (DENMAN et al., 2007).

Одна из основных причин повышения концентрации CO_2 в атмосфере связана с интенсификацией антропогенной деятельности, такой как изменения в землепользовании и растительном покрове, то есть замена исконных биомов путем вырубки и выжигания удаленной растительности, способствующая замене местных видов растений и сообществ сельскохозяйственной деятельностью в экономических целях. По оценкам, эти изменения в землепользовании, которые происходят преимущественно в саваннах и лесах, поскольку почвенно-климатические условия этих биомов идеально подходят для высокопродуктивного сельскохозяйственного производства, ответственны примерно за 30 процентов от общего объема выбросов CO_2 в атмосферу (SABINE et al., 2004).

Выбросы углекислого газа в этих условиях вызваны как выжиганием местной растительности, так и традиционным сельским хозяйством, которое менее эффективно накапливает органический и микробный углерод в почве, чем участки, засаженные ресурсосберегающим сельским хозяйством или лесами (CARDOSO et al., 2010).

В 1980-х и 1990-х годах выбросы, вызванные обезлесением и удалением лесной биомассы, оценивались примерно в 10^9 тонн углерода в год (WATSON et al., 2000). Если прогнозируемые изменения климата осуществятся, то воздействие на леса будет глубоким и длительным, варьирующимся от региона к региону и влияющим как на распределение, так и на состав лесов (IPCC, 2001; FAO, 2001).

В связи с этим возникли новые требования к исследованиям в области восстановления лесов, особенно те, которые связаны с количественной оценкой экологических услуг, предоставляемых лесовосстановлением с использованием местных видов в углеродном обмене, и обсуждением эффективности этой стратегии в снижении уровня CO_2 в атмосфере (FOSTER E MELLO, 2007).

Учитывая, что на тропические экосистемы (почву и растительность) приходится от 20 до 25% мирового углерода суши, что связано с огромным запасом углерода, хранящегося в почве (SCHLESINGER, 1997), и их ролью в биогеохимических процессах, ведущих к регулированию глобального потепления (FERNANDES, 2003), исследования динамики этого

2

элемента в почве, а также моделирование изменения климата занимают особое место. В этом контексте Kutsch et al. (2010) представляют некоторые вопросы, связанные со способностью экосистем связывать CO_2, такие как:

1) Сколько CO_2 может поглотить почва в каждой экосистеме на земном шаре? И как долго этот углерод остается в почве?

2) Увеличит ли увеличение чистой первичной продукции экосистемы из-за повышения концентрации атмосферного CO_2, связанного с антропогенным воздействием, таким как внесение азотных удобрений, производство подстилки и, следовательно, увеличение запасов углерода в почве?

Лесные биомы являются эффективными хранилищами углерода: в лесах сосредоточена примерно половина всего углерода, накопленного наземной растительностью. На долю бореальных лесов приходится 26 процентов всех наземных запасов углерода, а на долю тропических лесов и лесов умеренной зоны - 20 и 7 процентов соответственно (DIXON et al., 1994).

Бразилия - пятая по площади страна, занимающая около 5,7% поверхности суши планеты и 47,3% территории Южной Америки. Она также обладает впечатляющим природным наследием, что ставит ее на первое место в списке стран-мегаразнообразий - тех, где обитает наибольшее количество видов растений и животных (CAMPANILI E SCHAFFER, 2010).

Среди основных биомов Бразилии Атлантический тропический лес, который первоначально занимал площадь в 1 300 000 км^2, простираясь на 17 бразильских штатов, сегодня составляет лишь 27 % от своей первоначальной территории. Он состоит из комплекса лесных формаций, а также связанных с ними экосистем: естественных лугов, рестингов и мангровых зарослей, остатки которых распределены на тысячи фрагментов растительности, сохранивших высокий уровень фауны и флоры и оказывающих неоценимые экологические услуги, защищая источники воды, удерживая склоны и регулируя климат (CAMPANILI AND SCHAFFER, 2010).

Поскольку он расположен в регионах Бразилии, которые претерпели значительные экономические преобразования, зависящие от сельскохозяйственных и животноводческих процессов, полулиственный сезонный лес является одним из наиболее деградированных и фрагментированных среди различных формаций атлантического леса в штате Сан-Паулу. В этом лесу преобладают представители родов амазонского происхождения: *Parapiptadenia*, *Peltophorum*, *Cariniana*, *Lecythis*, *Tabebuia* и *Astronium* (VELOSO et al., 1991). Древесные формации, покрывающие эвтрофные базальтовые почвы, встречаются редко, поскольку

3

почва высоко ценится для сельскохозяйственного производства.

Вынос древесины из формаций полулиственного сезонного леса, особенно в верхнем слое, был настолько масштабным, особенно в XX веке, что сегодня сомнительно, что существуют остатки, не подвергшиеся сильному антропогенному воздействию в прошлом (RODRIGUES, 1999).

Поэтому восстановление атлантических тропических лесов играет важную роль в качестве важного экосистемного регулятора CO_2, а не только в отношении биоразнообразия и других связанных с ним атрибутов, для чего и был создан Пакт восстановления атлантических тропических лесов. Согласно протоколу, установленному в этом пакте, к 2050 году на всей территории Бразилии должно быть засажено и восстановлено 15 миллионов гектаров, распределенных по ежегодным планам. Этот процесс приведет к региональным изменениям в использовании и занятии земель, что должно изменить баланс CO_2 на региональном и глобальном уровнях. Среди приоритетов протокола - оценка экологических или экосистемных услуг, предоставляемых обществу оставшимися и восстанавливаемыми территориями, что повышает их значимость для качества жизни и средств производства, используя возможности рынков углерода и воды.

Однако для того, чтобы эти услуги были оценены должным образом, необходимо провести всестороннее исследование биогеохимических циклов углерода в атлантических тропических лесах, сделав приоритетной оценку и характеристику выбросов CO_2 на участках с различными типами почв и физиономиями лесов в этом биоме, поскольку эти выбросы могут быть важным показателем экологического качества почвы, а также определять планы посадки и восстановления.

1.1 Цели

Основная цель данного исследования заключалась в том, чтобы охарактеризовать уровень эмиссии CO_2 из почвы на двух участках коренного леса в морфоклиматической области Атлантический лес, расположенных в государственном лесу Эдмундо Наварро де Андраде (FEENA), посаженных в 1918 и 2014 годах. Вторичные цели включают:

•	Корреляция этих выбросов с физико-химическими параметрами атмосферы и почвы: давлением, температурой воздуха, влажностью воздуха, температурой воздуха, влажностью воздуха, коэффициентом термического сопротивления, содержанием углерода в почве и соотношением C/N;

•	Построить на основе наблюдаемых корреляций надежную статистическую модель, способную предсказать уровень выбросов для изучаемой территории

4

• Оценка функционирования в полевых условиях системы управления проточной камерой, соединенной с инфракрасным газоанализатором, разработанным Морено (2012).

2. ОБЗОР ЛИТЕРАТУРЫ

2.1 Биогеохимический цикл углерода

Углерод - необходимый элемент для жизни на планете, входящий в состав органических молекул и тканей живых организмов. Он поступает из атмосферы в растения в процессе фотосинтеза, образуя глюкозу ($C_6H_{12}O_6$), составляющую органические вещества. Он возвращается в атмосферу в результате дыхания организмов-производителей, потребителей и разлагателей (CALIJURI, 2013).

Одна из основных форм его появления - в соединении с кислородом, образуя молекулы углекислого газа, которые присутствуют в атмосфере (крупнейшем резервуаре), или растворены в водах морей, рек и озер, или даже включены в почву в виде органического вещества (DIAS, 2006).

В последние годы круговорот углерода был изменен антропогенной деятельностью, будь то сжигание ископаемого топлива, изменения в землепользовании и занятиях, связанные с вырубкой лесов и сжиганием биомассы, или вулканическая деятельность. По оценкам, в настоящее время в результате антропогенной деятельности в атмосферу ежегодно поступает семь миллиардов тонн CO_2. Половина этого углерода остается в атмосфере, а остальная часть растворяется в океанах или поглощается фотосинтетической деятельностью, сохраняется в биомассе или добавляется в органическое вещество почвы (SCHLESINGER, 1997; GRACE, 2001).

В водной среде атмосферный CO_2 соединяется с водой путем диффузии и образует угольную кислоту (H_2CO_3), которая быстро диссоциирует на ионы H^+, бикарбонат (HCO_3^{-1}) и карбонат (CO_3^{-2}) в соответствии со следующей реакцией:

$$CO_2 + H_2O \leftrightarrow H_2CO_3 \leftrightarrow H^+ + HCO_3^{-1} \leftrightarrow 2H^+ + CO_3^{-2} \quad (1)$$

Эта реакция обратима и всегда протекает в направлении от компонента с наибольшей концентрацией к компоненту с наименьшей концентрацией, как в воде, так и в воздухе, то есть реакция показывает, что при увеличении концентрации CO_2 в атмосфере океаны будут поглощать больше CO_2, который останется растворенным в воде в виде бикарбоната или карбоната (CALIJURI, 2013).

Если в воде имеются ионы кальция, они могут вступать в реакцию с карбонатом и бикарбонатом, образуя карбонат кальция, который из-за своей низкой растворимости выпадает в осадок, накапливаясь в отложениях, в соответствии с приведенной ниже

6

реакцией:

$$Ca^{+2} + CO_3^{-2} \rightarrow CaCO_3 \, (2)$$

В кислых условиях pH образование угольной кислоты удаляет углерод из системы. Это удаление уменьшает количество $CaCO_3$, что, в свою очередь, увеличивает скорость растворения известняка. Когда эти слегка кислые воды, содержащие кальций, встречаются с водами океана с более высоким pH, $CaCO_3$ может снова выпасть в осадок и накопиться в отложениях (CALIJURI, 2013).

В морской среде, в нейтральных условиях, углеродная система остается в равновесии, как показано в приведенной ниже реакции:

Деятельность организмов может влиять на эту реакцию. Удаление CO_2 в результате фотосинтеза смещает баланс влево, способствуя образованию и выпадению в осадок карбоната кальция (CALIJURI, 2013).

В континентальных районах крупнейшим резервуаром углерода являются почвы, которые хранят около 40×10^{18} г углерода, в то время как растительный покров имеет запас углерода, оцениваемый в 56×10^{16} г (SCHLESINGER, 1997; GRACE, 2001). Почвы тропических лесов служат источником и поглотителем различных газов, включая CO_2, и играют важную роль в физико-химических процессах в атмосфере (KELLER et al., 1986).

По оценкам, ежегодно в результате фотосинтеза в тканях растений фиксируется около 60×10^15 г углерода, и почти весь он возвращается в атмосферу через дыхание живых тканей и почвы (SCHLESINGER, 1997). Естественные и циклические процессы, известные как углеродный цикл, включают в себя фотосинтез, дыхание и растворение (Рисунок 1).

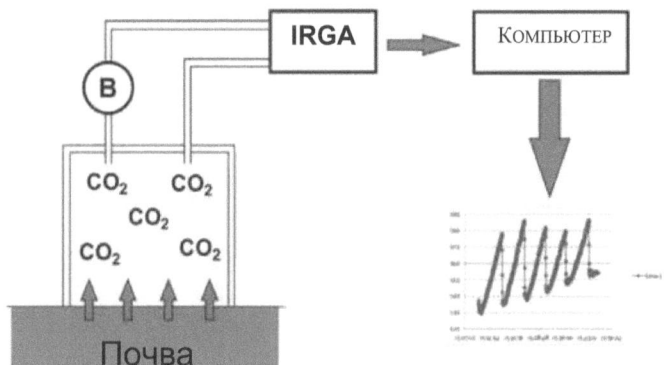

Рисунок 1. ОСНОВНЫЕ ГОДОВЫЕ ЗАПАСЫ И ПОТОКИ УГЛЕРОДА (В ПГК). ИСТОЧНИК: АДАПТИРОВАНО ИЗ ШЛЕЗИНГЕРА (1997) по DIAS (2006).

2.2 Накопление и фиксация углерода в тропических почвах

Динамические количества гумуса, или углерода в почве, определяются совокупностью почвенно-климатических факторов и управлением системой "почва-растение", которые контролируют темпы отложения, инкорпорации и разложения углерода в почве (SIQUEIRA E FRANCO, 1988). В почве, находящейся в равновесии с растительностью, содержание углерода (C) определяется по формуле:

$C = A/K$, где $A = b . M$ (4)

Где: **C** - содержание (%) или количество (т.га$^{-1}$) углерода в почве, которое при умножении на значение 1,724 соответствует органическому веществу (ОВ) почвы; **A** - ежегодное добавление углерода в почву (т.га$^{-1}$); **K** - годовая скорость разложения органического углерода почвы; **b** - количество (т.га$^{-1}$) ОВ - свежего органического вещества (отмершие ветви, листья и корни); **m** - коэффициент преобразования.

При восстановлении территорий с помощью местных лесов в почву вносятся растительные остатки, что приводит к накоплению углерода. Многолетние эксперименты показали, что существует положительная линейная зависимость между внесением растительных остатков (BAYER, 1996; LOVATO et al., 2004) или других источников углерода (NICOLOSO, 2009) и увеличением концентрации углерода в верхних сантиметрах почвы в сельскохозяйственных районах, что свидетельствует о том, что окультуренные тропические и субтропические почвы являются эффективными аккумуляторами углерода (Рисунок 2).

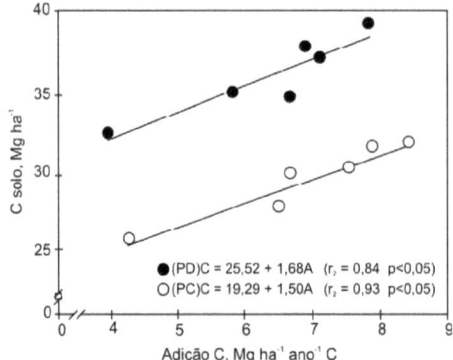

Рисунок 2 - Взаимосвязь между поступлением углерода от сельскохозяйственных систем в Аргиссоло при прямой посадке (PD) и традиционной посадке (PC) ИСТОЧНИК: Bayer et al. (2011).

Органическое вещество обладает высокой емкостью катионного обмена (СЕС), которая варьируется от 300 до 1400 мэкв.100г$^{-1}$, а также оказывает на почву защелачивающее действие, которое связано со способностью почвы поддерживать pH неизменным при обработке кислотами (удобрениями) или основаниями (известкованием). Он действует как резервуар катионов (Ca^{+2} , Mg^{+2} , K$^+$ и микроэлементов) и анионов (PO$_4^{-3}$ и SO$_4^{-2}$), благоприятствуя физическим условиям, таким как агрегация и стабильность агрегатов, аэрация, водоудерживающая способность и проницаемость почвы, снижая восприимчивость к эрозии (SIQUEIRA E FRANCO, 1998).

Многие концептуальные модели разделяют органическое вещество в зависимости от его стабильности и скорости разложения под действием почвенных микроорганизмов, что приводит к выделению CO2 и изменению химического состава почвы. Биологическая активность превращает листовую подстилку или солому в стабильный гумус, улучшая аэрацию и физические свойства почвы за счет проникновения органического вещества в более глубокие слои (KUTSCH et al., 2010).

Таким образом, добавленное органическое вещество не только непосредственно влияет на дыхание почвы путем его разложения, но и создает идеальные условия для почвенных микроорганизмов и растений, улучшая физические условия почвы, определяя ее свойства и, следовательно, другие экологические переменные, коррелирующие с потоком CO2 из почвы.

Насыщение почвы углеродом отмечается в разных типах почв, с разной текстурой и в разных климатических условиях (STEWART, 2009). Этот процесс происходит в основном в поверхностных слоях за счет накопления, создаваемого листьями, ветвями и поверхностными корнями (NICOLOSO, 2009), и представлен асимптотической моделью (рис. 3) для связи между запасами углерода и добавлением углерода, а не линейной моделью (SIX et al., 2002).

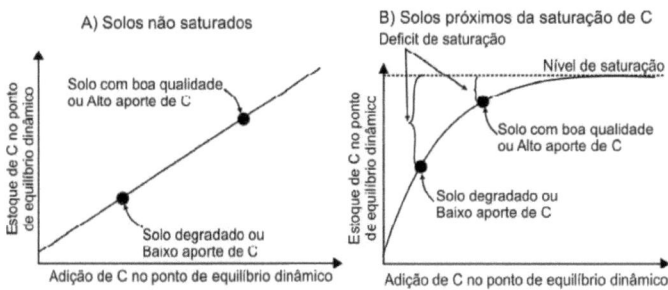

Рисунок 3: Теоретическая модель, отражающая реакцию почв с различными уровнями деградации. Источник: BAYER ET AL. (2011).

Кинетические модели, рассматривающие накопление органического вещества в почве как линейное, могут переоценить способность почвы удерживать его и не учитывать процесс насыщения (рис. 3) (NICOLOSO, 2009). Насыщение происходит в механизмах защиты углерода (CHUNG et al., 2008). Линейная модель эффективна для представления добавления углерода в деградированные почвы. В насыщенных почвах асимптотическая модель адекватно отражает накопление органического вещества.

Деградированные почвы с низким содержанием углерода имеют наибольшую емкость и эффективность для хранения углерода (Рисунок 3), поскольку они далеки от уровня насыщения. Тесты на содержание углерода-13 показали, что чем больше дефицит, тем выше способность стабилизировать добавленный углерод, и что эффективность стабилизации снижается с увеличением содержания углерода в почве (STEWART et al., 2008).

Видно, что добавление углерода максимально в тропических лесах и культивируемых почвах, где производство фитомассы выше, чем в лесах умеренного пояса и тропических саваннах, которые имеют климатические или питательные ограничения. Скорость разложения (K) в значительной степени зависит от таких факторов окружающей среды, как температура, влажность и аэрация, значительно различаясь между экосистемами и будучи выше на культивируемых почвах или в тропических лесах (SIQUEIRA E FRANCO, 1988).

Основными физическими изменениями, происходящими в почве возделываемых территорий по сравнению с почвой коренных лесов, являются снижение макропористости, общей пористости и насыщенной гидравлической проводимости, а также увеличение плотности почвы (ZALAMENA, 2008). Высокая плотность почвы ограничивает количество кислорода, доступного для микроорганизмов. Напротив, высокая пористость способствует насыщению почвы кислородом, стимулируя микробную активность и, следовательно, увеличивая выбросы (FANG et al., 1998).

Способность защищать и стабилизировать углерод в почве, помимо применяемых методов управления, зависит от присущих почве характеристик. Глинистые почвы более эффективны в стабилизации и сохранении почвенного углерода, чем песчаные (GREGORICH et al., 1995; BOLINDER et al., 1999). Положительный азотный баланс также необходим тропическим и субтропическим почвам для эффективного накопления органического вещества (URQUIAGA et al., 2010).

Запас углерода зависит от типа растительности на участке, качества и количества растительного материала, который каждый вид производит и откладывает в почве, а климат определяет скорость разложения и, соответственно, выбросы CO_2 из верхнего слоя почвы в атмосферу. Тропические и субтропические виды являются эффективными производителями биомассы.

10

Такие виды трав, как брахиария, обладают огромной способностью к производству углерода, производя более 26 т га$^{-1}$ сухого вещества, что сравнительно больше, чем у других культур. Просо, например, производит 8 т га$^{-1}$ сухого вещества (KLUTHCOUSKI AND AIDAR, 2003; KLUTHCOUSKI AND STONE, 2003). Местный полулиственный лес в штате Сан-Паулу производит 12,2 тонны сухого вещества на гектар в год, включая листья и ветки (HORA et al., 2008).

В сезонных полулиственных лесах доля лиственных деревьев, т.е. тех, которые теряют все свои листья на зиму и откладывают органическое вещество в почву, составляет от 20 до 50% от общего числа особей (VELOSO et al., 1991). В регионе Лимейра (Limeira - SP), на территории, покрытой лесом, производство листовой подстилки было выше зимой (697 кг/га), чем летом (407 кг/га), что свидетельствует о сильных сезонных колебаниях, которые являются убедительным показателем степени роста и экологического баланса нового леса (MOREIRA E SILVA, 2004). Таким образом, выбросы со2 должны стать одним из показателей экологического качества лесных систем.

Корни растений более эффективно накапливают углерод в почве, чем листья, ветви и другие воздушные компоненты. Это объясняет, почему травянистые виды часто столь же эффективны в накоплении углерода в почве, как и лесные. В сравнительном исследовании корни преобразовывали 21 процент производимой ими биомассы, в то время как воздушная часть - только 12 процентов (BOLINDER et al., 1999).

Корни во время своего роста и после увядания способствуют формированию и стабилизации почвенных агрегатов, увеличивая темпы накопления углерода за счет физической защиты органического вещества (DENEF AND SIX, 2006), а тип корневой системы растений влияет на формирование и стабилизацию макроагрегатов (GALE et al., 2000).

Почвы с глинистыми поверхностными горизонтами более эффективны в стабилизации и сохранении углерода в почве по сравнению с песчаными почвами (GREGORICH et al., 1995; BOLINDER et al, 1999), демонстрируя более низкую скорость разложения органического вещества. Так, на латоссоло Бруно (с 620 г кг$^{-1}$ глины), оцененном как при традиционной, так и при нулевой обработке, скорость разложения составила 1,4% и 1,2% для каждого типа посева, соответственно (BAYER et al., 2006). Рыхлые аргисоли имели скорость разложения 3,14 % при обычной обработке почвы и 1,82 % при нулевой (LOVATO et al., 2004).

Органическое вещество в тропических глинистых почвах обычно связано с оксидами железа, что обусловлено высокой химической стабильностью органоминеральной реакции, а почвы с высоким содержанием глины демонстрируют низкую скорость деградации даже после нарушения поверхностных слоев (OADES et al., 1989).

11

Микроскопия показала, что углерод, прилипая к коллоидной фракции глины, защищен от разложения микроорганизмами (RAZAFIMBELO et al., 2008). Следовательно, стабилизация органического вещества в почве зависит от ее текстуры и минералогии, поэтому содержание ила и глины является надежным параметром для определения стабилизирующей способности органического вещества в почве (HASSINK et al., 1997).

Качество почвы можно разделить на динамическое и врожденное. Такие атрибуты почвы, как текстура и минералогия, являются врожденными и определяются продолжительностью воздействия климата, исходным материалом и рельефом. Эти факторы определяют качество почвы. Антропогенная деятельность изменяет физические, химические и биологические характеристики почвы, определяя ее динамическое качество (PEIXOTO, 2008). Нелегко выбрать набор свойств, отвечающих всем условиям для правильной оценки почвы (LI and LINDSTROM, 2001).

2.3 Выбросы CO2 из почвы

Выведение CO_2 из почвы стало называться "почвенным дыханием" в 1920-х годах шведским исследователем Хенриком Лундегардом, который провел первые измерения с помощью "статической закрытой камеры" (KUTSCH et al., 2010). Дыхание почвы соответствует CO_2, образующемуся в результате дыхания корней, почвенных микроорганизмов и аэробного разложения M.O. - процесса, который зависит от растительности и типа почвы (DAVIDSON et al., 2002), 2002), результат физических, химических и биологических процессов, на которые влияют влажность и температура почвы (EPRON et al., 2006; OHASHI AND GYOKUSEN, 2007), температура воздуха, влажность и фотосинтетически активная радиация (LLOYD AND TAYLOR, 1994; DAVIDSON et al., 1998). Другие факторы, влияющие на дыхание почвы: активность бактерий (LLOYD AND TAYLOR, 1994), содержание фосфора (DUAH-YENTUMI et al., 1998), соотношение C/N (ALLAIRE et al., 2012) и pH (FUENTES et al., 2006).

Углерод, образующийся при корневом дыхании, называется "автотрофным", а углерод, образующийся при разложении подстилки, - "гетеротрофным" (KUTSCH et al., 2010). "Автотрофное" дыхание можно разделить на дыхание корней растений, дыхание симбиотической микоризы и ризосферной микробиоты (KUTSCH et al., 2010). По оценкам, это "автотрофное" дыхание отвечает за 40-70 % общего потока CO_2 из почвы в атмосферу (HANSON et al., 2000; BOND-LAMBERTY et al., 2004; SUBKE et al., 2006).

Физические механизмы также влияют на отток углерода из почвы. Роммель (1922) заметил, что диффузия, обусловленная градиентом CO_2, является движущей силой, которая переносит

12

воздушные массы из слоев почвы в атмосферу. Альбертенсен (1977) перечислил другие факторы и физические аспекты, влияющие на вынос CO_2 через почву, такие как: температура, которая вызывает различия в плотности и диффузии между почвой и атмосферным воздухом; изменения барометрического давления; перемещение воздуха в почве из-за просачивания воды (дождь, орошение); изменения высоты уровня грунтовых вод; растворение и перенос газов из жидких стоков; изменения давления, вызванные скоростью ветра (KUTSCH et al., 2010).

Информация о влиянии влажности и температуры на активность почвенной биоты, а также на pH и доступность питательных веществ известна с середины XIX века (KUTSCH et al., 2010). Сотта (1998) назвал пять факторов, которые могут контролировать скорость выброса CO_2 из почвы в атмосферу: скорость его образования в почве, температурные градиенты, концентрация на границе почва-атмосфера, физико-химические свойства почвы и колебания атмосферного давления.

Эмпирические зависимости между потоками CO_2 и переменными окружающей среды показывают, что при отсутствии ограничивающих факторов, таких как влажность почвы, соотношение ила/песка/глины, плотность и другие физические свойства почвы, эмиссия углерода увеличивается экспоненциально с ростом температуры (RAICH & SCHLESINGER, 1992). В условиях высокой температуры дыхание почвы снижается, ограничивая активность микроорганизмов, а температура также влияет на скорость ферментативных реакций почвенной микробиоты (KANG et al., 2003).

Среди физических факторов, влияющих на выбросы, основным является диффузия (VAL BAVEL, 1951, 1952). Некоторые исследования показали влияние скорости ветра на выбросы, однако в этом вопросе не хватает глубины и систематизации (KUTSCH et al., 2010). Таким образом, обмен CO_2 в системах почва-растительность-атмосфера прямо и косвенно связан с метеорологическими явлениями, что позволяет предположить, что только метеорологические данные могут объяснить значительную часть временной изменчивости выбросов CO_2 из почв (LA SCALA et al., 2003).

В последние годы был проведен ряд исследований и обзоров, посвященных изучению потока CO_2 через почву в самых разных биомах земного шара. Эти усилия направлены на понимание процессов, влияющих на глобальный углеродный баланс и, как следствие, на глобальное потепление.

Измерения выбросов CO_2 в провинции Шаньси, Китай, в районе, расположенном на высоте 1353 м, с годовым количеством осадков 504 мм и средней температурой 10,1 °C, показали среднегодовые значения 3,23 мкмоль CO_2 м s^{-2-1} , для леса с преобладанием дуба Ляодун (*Quercus liaotungensis*), 2.29 мкмоль CO_2 м c^{-2-1} для леса из восточного платана (*P. orientalis*), 2,35 мкмоль CO_2 м c^{-2-1} в плантации *акации-бастарды* (*Rpseudoacacia*) и 2,03 мкмоль CO_2 м c^{-2-1} для обезлесенной территории (SHI et al., 2014).

В условиях умеренного климата на территории Словакии значения эмиссии варьировали по сезонам, варьируя от 0,92 зимой до 15,20 мкмоль CO_2 м c^{-2-1} летом на лесных участках и от 0,96 до 12,92 мкмоль CO_2 м c^{-2-1} на участках, покрытых травой (PRIWITZER, 2013). Другие лесные экосистемы умеренной зоны также показали более низкие значения выбросов зимой, чем летом: 0,64 мкмоль CO_2 м c^{-2-1} зимой в Австрии (SCHINDLBACHER et al., 2007) и 0,67 мкмоль CO_2 м c^{-2-1} в холодное время года в штате Вашингтон, США (MCDOWELL et al., 2000).

Исследование корреляций между метеорологическими переменными и выбросами CO_2 в умеренном климате Хорватии выявило положительную корреляцию с температурой почвы ($r^2 = 0,42$) и воздуха ($r^2 = 0,45$) *и сильную отрицательную корреляцию с влажностью воздуха ($r^2 = -0,55$)* (BILANDZIJA et al., 2014).

В Бразилии, в коренных лесах в биоме Амазонки, они обнаружили средние значения эмиссии в 6,4 мкмоль CO_2 м c^{-2-1} в городе Манаус - AM, (SOTTA et al., 2004) и 6,1 мкмоль CO_2 м c^{-2-1} в муниципалитете Парагоминас - PA, (TRUMBORE et al., 2006). Некоторые авторы обнаружили более низкие значения для северного региона страны: 3,2 мкмоль CO_2 м c^{-2-1} в Манаусе (CHAMBERS et al., 2004) и 4,25 мкмоль CO_2 м c^{-2-1} в Журуене, штат Мату-Гросу (NUNES, 2003).

В тропических лесах Амазонки были обнаружены значимые связи ($p<0,05$) между выбросами CO_2 и влажностью почвы в Синоп-MT в сухой сезон ($R^2 = 0,76$) и в сезон дождей ($R^2 = 0,78$). В Касиуане также была обнаружена значимая связь между переменными в сухой сезон ($R^2 = 0,82$) и в сезон дождей ($R^2 = 0,82$). То же самое произошло в Манаусе-ПА со значительными значениями для сухого сезона ($R^2 = 0,68$) и сезона дождей ($R^2 = 0,60$) (DIAS, 2006).

Взаимосвязь между влажностью почвы и выбросами CO_2 из почвы уже была продемонстрирована различными авторами. По мнению Диаса (2006), в целом, потоки углерода в атмосферу больше в сезон дождей, чем в сухой сезон, а влажность и температура почвы являются основными факторами, определяющими производство этого газа почвой.

В тропических лесах несколько авторов обнаружили значительную положительную линейную корреляцию между дыханием почвы и температурой почвы (EPRON et al., 2006;

14

DIAS, 2006). С другой стороны, на территории, засаженной сахарным тростником во внутренних районах Сан-Паулу, выбросы не показали значительной корреляции с температурой почвы (BICALHO et al, 2014), что можно объяснить низкой изменчивостью этой переменной в период сбора данных (DIAS, 2006).

В штате Сан-Паулу, к сожалению, нет исследований по Атлантическому лесу, существующие записи были получены в районах выращивания сахарного тростника, и средние измеренные значения составляют: 1,5 мкмоль CO_2 м c^{-2-1} после механизированной уборки урожая (BISCALHO et al., 2014). Brito et al. (2010) отмечают, что выбросы CO_2 при выращивании сахарного тростника могут варьироваться в зависимости от рельефа местности и применяемых методов управления, как это ранее отмечали Panosso et al. (2009), которые измерили выбросы в размере 2,16 мкмоль CO_2 м c^{-2-1} на участках с механизированной уборкой и 5,29 мкмоль CO_2 м c^{-2-1} на участках с ручной уборкой, которой предшествовало сжигание тростника.

В районе, засаженном сахарным тростником, он обнаружил среднесуточные значения от 1,26 до 1,77 мкмоль CO_2 м c^{-2-1} в течение июля в городе Гуариба во внутренних районах Сан-Паулу. Коэффициенты вариации колебались от 40 до 90 %. И значительная положительная линейная корреляция ($p<0,05$) с макропористостью ($r^2 =0,21$) и отрицательная с микропористостью ($r^2 =-0,18$) и плотностью почвы ($r^2 =-0,32$) (BICALHO et al., 2014).

Ряд авторов (EPRON et al., 2006; PANOSSO et al., 2011; TEIXEIRA et al., 2013; BICALHO et al., 2014) отмечают значительные линейные корреляции между эмиссией CO_2 и такими атрибутами почвы, как макропористость, микропористость и плотность, что свидетельствует о важности этих атрибутов как регуляторов микробной активности и, соответственно, эмиссии CO_2 в почве.

Тепловые свойства почв также коррелируют с выбросами: в ходе мониторинга выбросов CO_2 на пастбище в штате Миссури (США) была обнаружена значительная корреляция ($r^2 =0,62$, $p<0,0001$) между дыханием почвы и теплопроводностью (NKONGOLO et al., 2010).

3. ХАРАКТЕРИСТИКА ТЕРРИТОРИИ ИССЛЕДОВАНИЯ

По оценкам, первоначально 81,8 % площади штата Сан-Паулу занимали леса (20 450 000 га). Исследования эволюции лесного покрова показывают, что в 1990 году осталось только 1 731 472 га, или 4,16% территории штата. Из них 45,77% (792 448,57 га) приходится на природоохранные зоны (ПЗ), находящиеся в ведении Департамента окружающей среды (SBO PAULO, 1998).

Территория исследования - Государственный лес Эдмундо Наварро де Андраде - расположена в муниципалитете Рио-Кларо. Это ТС устойчивого пользования, созданный на основании Декрета штата 46.819, в соответствии с Законом 9.985/00, который учредил Национальную систему ТС. Муниципалитет, расположенный в 173 км к северо-западу от столицы штата Сан-Паулу, состоит из двух районов - Ассистенсия и Ажапи (рис. 4), общая площадь которого составляет 499,9 км^2 , и является частью городской агломерации Пирасикаба и бассейна реки Корумбатай, куда можно попасть через систему Анхангуэра/Бандейрантес и шоссе Вашингтон-Луис (SP 310).

Лес, расположенный на восточной окраине городского района Рио-Кларо, был создан в 1909 году и занимает площадь 2 230,5 га. Здесь сосредоточено самое большое разнообразие видов эвкалиптов на одной территории в Бразилии, что делает его эталоном в области выращивания, исследования и производства леса и всемирно известным как "колыбель эвкалипта" (IF, 2005).

Первоначально она принадлежала компании CPEF-Companhia. Паулиста де Эстрадас де Ферро, а в 1970-х годах, когда железные дороги были национализированы, перешел в собственность компании FEPASA-Ferrovia Paulista S.A. С 1998 года он находится в ведении SMASP-Secretaria de Meio Ambiente do Estado de São Paulo, а за управление им отвечает FF-Fundaçao Florestal (IF, 2005).

По оценкам, в FEENA до сих пор насчитывается более шестидесяти видов эвкалиптов, а также спонтанные и индуцированные гибридные виды. Вся эта территория представляет собой важный генетический банк, имеющий стратегическое значение в случае появления нового вредителя или болезни, неизвестных бразильскому лесному хозяйству. Эдмундо Наварро де Андраде, создатель FEENA, подвергался резкой критике со стороны националистов, которые не соглашались с тем, что интродукция эвкалипта приведет к улучшению качества древесины и более быстрому росту по сравнению с местными видами (IF, 2005).

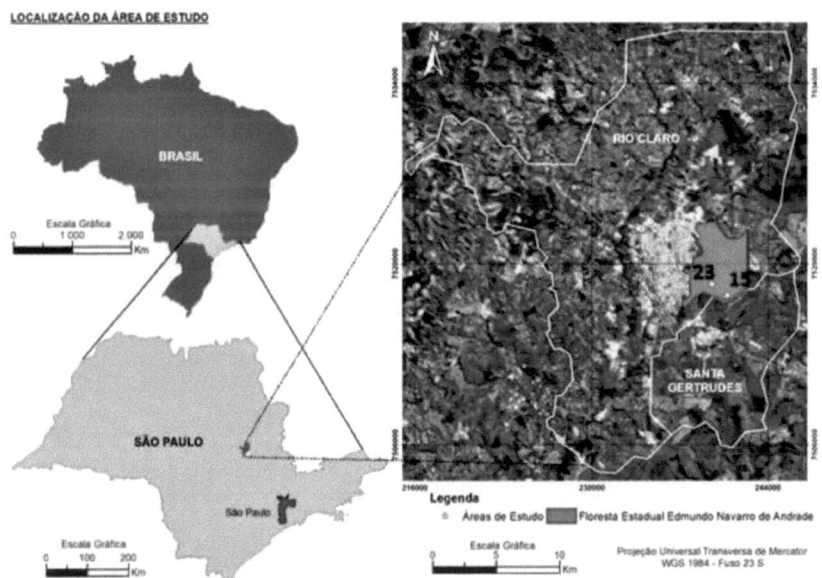

Рисунок 4 - Расположение FEENA и участков (15 и 23), на которых проводились исследования выбросов CO_2.

Для того чтобы обеспечить совместимость сохранения генетической базы эвкалипта, местной растительности и общественного использования, ОК был пространственно разделен на зоны и участки леса в соответствии с различными видами использования и требуемой степенью защиты (IF, 2005). Путем сопоставления базовых исследований с данными полевых работ и другой доступной информацией, лесные массивы FEENA были классифицированы на зоны: историко-культурная, восстановления, лесопользования, конфликтная, общественного пользования, специального использования, сохранения. Каждая из них имеет свои правила использования, определяющие различные функции, будь то социальные, административные, экологические, управленческие или защитные, для каждого из пространств FEENA.

Историко-культурная зона содержит исторические, научные, культурные и археологические образцы, которые должны быть сохранены и интерпретированы для общественности. Ее цель - охрана исторических и археологических объектов в гармонии с окружающей средой, содействие научным исследованиям, экологическому образованию и интерпретации. В эту зону входят старые лесопосадки, которые знаменуют начало плантаций (IF, 2005).

Самой большой территорией подразделения является Лесохозяйственная зона, в которую входят коренные или посаженные леса с экономическим потенциалом для многоцелевого и устойчивого управления ресурсами. Цель - создание технологий и моделей управления

17

лесами, а также исследовательская, эколого-просветительская и интерпретационная деятельность. Цель зоны общественного пользования - интенсивный отдых, досуг и экологическое образование в гармонии с окружающей средой (IF, 2005).

Деградировавшие территории называются зонами восстановления, и после восстановления они будут включены в одну из других постоянных зон. Их цель - остановить деградацию ресурсов, и они также могут включать в себя исследовательскую, эколого-просветительскую и интерпретационную деятельность (IF, 2005). В зону специального использования включены территории, необходимые для управления, такие как штаб-квартира, жилье для персонала в колониях и питомник военной полиции (IF, 2005).

Территории, занятые объектами коммунального хозяйства, называются зонами использования, на которых расположены газопроводы, нефтепроводы, линии электропередач, антенны, водосборники, плотины, дороги, оптические кабели и другие (IF, 2005).

Участки 23 и 15 (рис. 4), ставшие предметом данного исследования, расположены в историко-культурной и лесохозяйственной зонах соответственно. Участок 23 правильно включить в историко-культурную зону, так как он является историческим, научным и культурным образцом одного из первых участков, засаженных местными видами в Бразилии. Участок 15 находится в лесохозяйственной зоне, и его текущее использование, восстановление и сохранение окружающей среды соответствует плану, который предусматривает коммерческую эксплуатацию и многократное и устойчивое использование лесных ресурсов.

3.1 Характеристика физической среды в FEENA

ФЕНА входит в бассейн реки Корумбатай, основными притоками которой являются реки Пасса-Синко, Кабеса и Рибейрао-Кларо. Истоки реки расположены на уступах базальтового хребта Серра-дус-Падреш, а ее воды впадают в реку Пирасикаба. Поверхностные водоемы UC состоят из небольших ручьев, таких как Ибитинга и Санту-Антониу, а главный ручей, Рибейрау-Клару, используется для сбора воды для муниципалитета (IF, 2005).

Территория, на которой расположена котловина Рибейрао Кларо, характеризуется наличием таблитчатых междуречий, ступенчатых террас и равнин, расположенных на высоте 550-650 метров (PENTEADO, 1968). Слегка расчлененный аспект бассейна обусловлен потоками, которые прорезают его долины, создавая пологие склоны, ограничивающие субтабулярные междуречья, которые доминируют в регионе (PENTEADO, 1981).

Река Рибейрао Кларо пересекает UC в направлении с севера на юг, устанавливая на некоторых участках границу между FEENA и городским районом Рио Кларо. Эта река протекает по открытой долине с плоским дном, где имеются хорошо развитые речные равнины и заброшенные меандры, образующие аллювиальные отложения песка и глины (IF, 2005).

Лес расположен в рельефной части штата, называемой Периферийной впадиной Паулиста, геоморфологической единицей, происхождение которой связано с возникновением зоны структурной слабости на контакте между осадочными литологиями, связанными с осадочным бассейном Парана, и докембрийскими литологиями, связанными с Атлантическим плато (IF, 2005).

В геологическом отношении два района, выбранные для полевых исследований, основаны на базальных интрузивных породах, связанных с магматической провинцией Парана (PMP), которая считается одним из крупнейших вулканических проявлений базального характера на континентальной части Земли и включает бразильские штаты Риу-Гранди-ду-Сул, Парана, Санта-Катарина, Сан-Паулу, юго-запад Минас-Жерайс и юго-восток Мату-Гросу-ду-Сул. Базальты встречаются в виде эффузивов и интрузивных пород (силлов и даек) (MACHADO et al., 2007).

Почвы на исследуемых территориях называются красными аргисолами из-за цвета, который им придает высокое содержание и характер оксидов железа, присутствующих в исходном материале. Их естественное плодородие зависит от исходного материала. Поскольку эта почва классифицируется как евтрофная, она обладает хорошим плодородием. Содержание глины в подповерхностном горизонте (красного цвета) намного выше, чем в поверхностном горизонте, и это увеличение глины легко ощущается при изучении текстуры в полевых условиях (EMBRAPA, 2006).

Поскольку они относятся к категории типичных, к четвертому уровню трофической классификации, почвы на исследуемых участках не имеют каких-либо ограничительных характеристик, которые могли бы ограничить сельскохозяйственную деятельность, таких как крутые почвы, в которых текстурные различия между поверхностными горизонтами делают почву восприимчивой к эрозии, или сапролитные почвы, которые ограничивают проникновение корней в поверхность (EMBRAPA, 2006). Коренной растительностью на участке является полулиственный сезонный лес, который покрывает хорошо дренированные эвтрофные базальтовые почвы во внутренних районах штата Сан-Паулу (RODRIGUES, 1999).

Исследуемая территория является частью биома Атлантического тропического леса, где преобладают сезонные леса, также известные как мезофитные леса. В отличие от омброфильных лесов (влажных и вечнозеленых), сезонные леса характеризуются выраженной климатической сезонностью, а доля листопадных деревьев достигает 50 %. В Рио-Кларо сезонные леса часто перемежаются с формациями Серрадо - области, которая в этом регионе определяется песчаными почвами с низкой водоудерживающей способностью (IF, 2005).

Климат в районе FEENA классифицируется как Cwa Кёппена: *мезотермальный* (со средней температурой самого холодного месяца от -3 °C до 18 °C) и *высокогорный тропический* (с сухой зимой и средней температурой самого жаркого месяца выше 22 °C). Среднегодовая температура составляет 20,6 °C (рис. 8), и можно выделить самый жаркий период (с сентября по апрель), когда средняя температура с декабря по март превышает 22 °C, а в феврале достигает 23 °C; и наименее жаркий период (с мая по август), когда температура ниже 19 °C, а июнь и июль являются самыми холодными месяцами (17,1 °C) (IF, 2005).

Годовое количество осадков составляет 1 534 мм, при этом выделяются два сезона: дождливый период с октября по март, когда количество осадков достигает 1 188 мм (77 % от общего количества), и более сухой период с апреля по сентябрь, когда в среднем выпадает 346 мм осадков (23 % от общего количества). Также выделяются самые влажные месяцы (декабрь, январь и февраль): 248, 252 и 210 мм соответственно; и наименее дождливые месяцы (июнь, июль и август): 48, 34 и 34 мм соответственно (IF, 2005) (рис. 5).

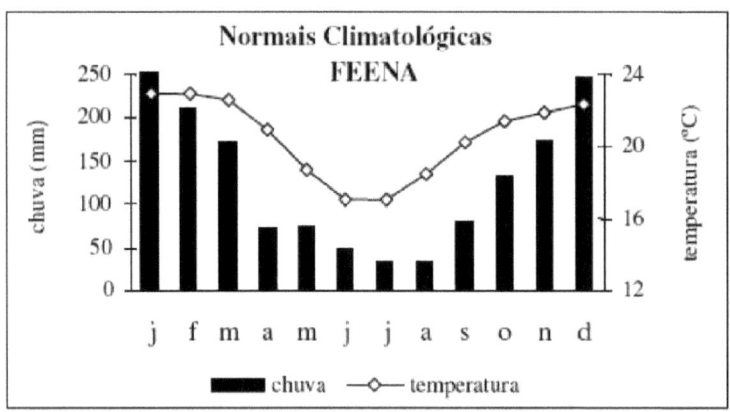

Рисунок 5: Климатологические нормы для осадков и измерений осадков с 1954 по 1997 год.

ИСТОЧНИК: IF (2005).

На режим осадков влияют атлантические тропические и континентальные экваториальные массы, которые приносят влагу на континент. Под воздействием высоких температур теплый влажный воздух поднимается вверх, вызывая осадки. Рельеф куэсты вызывает орографические осадки, также способствующие выпадению большого количества осадков. Зимой на низкие температуры влияет Атлантическая полярная масса (MONTEIRO, 1967).

Согласно климатологическому водному балансу (THORNTHWAITE AND MATHER, 1955) (рис. 6), годовой дефицит воды составляет всего 7 мм, сосредоточенный в июле и августе. Годовой избыток воды составляет 572 мм, сосредоточенный между октябрем и мартом. В остальные месяцы избытка нет или он почти нулевой (IF, 2005).

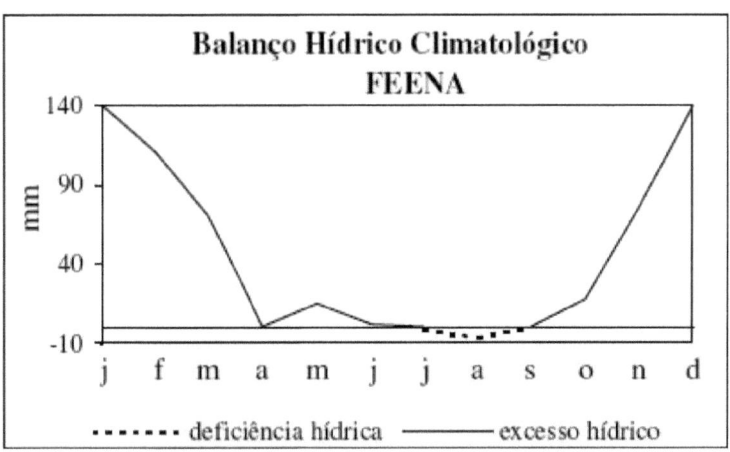

Рисунок 6 - Графическое представление водного баланса и климатологии с 1954 по 1997 год.

Источник: IF (2008).

21

4. МАТЕРИАЛЫ И МЕТОДЫ

4.1 Выбор территории и экспериментальный дизайн

Чтобы оценить и охарактеризовать различия между выбросами углерода в почве на участках, которые уже восстановлены и находятся в процессе восстановления в морфоклиматической области Атлантического леса, мы выбрали недавно засаженный участок 15, посаженный в 2014 году, и участок с почти столетней историей.

Участок 23 (рис. 7) был заложен Наварро де Андраде в 1916 году с целью сравнить рост этих деревьев с эвкалиптом и продемонстрировать, что австралийские виды растут быстрее и имеют более высокое качество древесины для производства древесного угля, дров и шпал. Саженцы 70 видов из 25 различных семейств, многие из которых представляют коммерческий интерес, были высажены на этом участке с расстоянием 2 м на 2 м на площади 1,1 га. В подтверждение первоначальной идеи его создателя, то есть сравнения роста местных деревьев с эвкалиптом, было замечено, что экзотические виды наиболее подходят для крупномасштабной посадки компанией Companhia Paulista de Estradas de Ferro (IF, 2005).

Рисунок 7. Частичный вид резьбы 23 подъездной дороги.

Поскольку почти вся территория FEENA была засажена эвкалиптом или другими экзотическими видами, участки с местной растительностью существуют в результате ограниченного или отсутствующего лесопользования (исторические коллекции и участки, представляющие интерес для генетического улучшения) или отсутствия заселения ранее покрытых лесом территорий (заброшенные участки). В этих случаях *местная растительность* может появиться либо в результате формирования подлеска на старых участках, либо в результате регенерации, заражения или попадания семян из соседних лесных массивов (iF, 2005).

22

В 2014 году участок 15 (рис. 8) был засажен более чем 80 видами растений в соответствии с постановлением SMA 8 от 31 января 2008 года, в котором изложены рекомендации по гетерогенному лесовосстановлению на деградированных территориях; за посадками следил CETEsB, поскольку они предусматривали экологическую компенсацию.

Рисунок 8. Деталь экспериментальной делянки, установленной на участке 15.

С начала века на участке 15, входящем в зону лесопользования, располагались эвкалиптовые плантации. После последней вырубки, проведенной около 10 лет назад, участок был заброшен и с тех пор зарос травой, например колоновидной травой.

Недавно включенный в соглашение о восстановлении окружающей среды и пересаженный, его назначение противоречит Плану управления. Из-за недавно высохшей травы, скошенной на земле, а также из-за того, что во время сбора урожая различных эвкалиптов здесь проходило машинное движение, он ближе к территории, где выращивается сахарный тростник, чем к лесу.

Для оценки выбросов CO_2 из почвы на этих двух территориях были выделены 900-метровые участки[2]. На этих участках было установлено 17 точек сбора, распределенных, как показано на рисунке 9. Расстояние между точками было установлено на уровне 10 метров (двенадцать точек), в то время как в центральной части расстояние между точками составляло 5 метров.

23

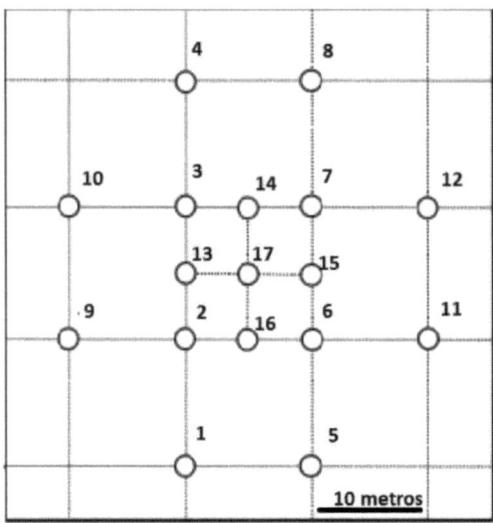

Рисунок 9. Распределение точек отбора проб.

Для фиксации оборудования, с помощью которого проводились измерения, в каждой точке (Рис. 10) за 48 часов до проведения измерений к земле было прикреплено ПВХ кольцо высотой 10-15 см, которое оставалось на месте в течение всего периода сбора, чтобы минимизировать изменения в структуре подстилки и поверхности почвы.

Измерения проводились с сентября 2014 года по май 2015 года, с 8 утра до 5 вечера, чтобы использовать время суток, когда больше всего солнечного света, что повышает безопасность работы и вовлеченных в нее людей. В каждой точке было проведено пять измерений расхода, а также сбор данных по переменным параметрам окружающей среды: давлению воздуха, температуре и влажности. Физические свойства почвы измерялись по одному разу в каждой точке, одновременно со сбором данных о потоке. Измерялись следующие переменные: влажность, температура и коэффициент теплового сопротивления почвы. Почва для определения соотношения C/N была собрана в сентябре 2014 года.

24

РИСУНОК 10. КОЛЬЦО ДЛЯ СБОРА МУСОРА УСТАНОВЛЕНО НА УЧАСТКЕ 15, КАМЕРА КРЕПИТСЯ К КОЛЬЦУ НА УЧАСТКЕ 23.

4.2 Измерения расхода CO_2

Измерения потока CO_2 проводились с помощью оборудования, разработанного Морено (2012) в UNESP-Rio Claro, состоящего из инфракрасного газоанализатора (iRGA), модель Li-840, бренд Li-Cor, соединенного с динамической камерой с помощью циркуляционного насоса (рис. 11 и 12).

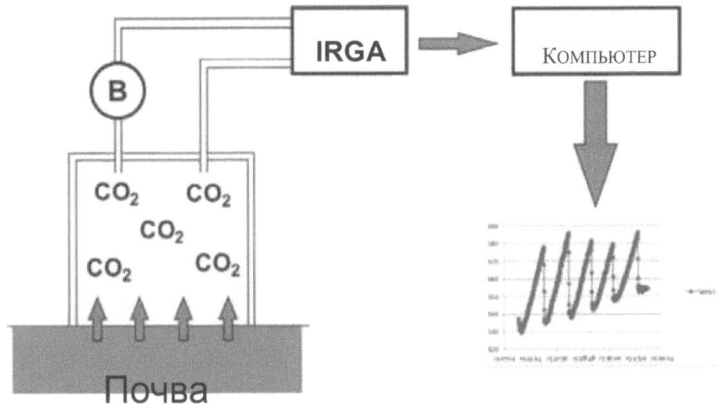

РИСУНОК 11. ДИНАМИЧЕСКАЯ КАМЕРА С ИНФРАКРАСНЫМ ГАЗОАНАЛИЗАТОРОМ (ИРГА) И НАСОСОМ (В) для принудительной циркуляции газа через ИРГА. ИСТОЧНИК: МОДИФИЦИРОВАНО ИЗ MORENO (2012).

Рисунок 12. УСТАНОВЛЕННОЕ ОБОРУДОВАНИЕ, ВЗАИМОСВЯЗАННЫЕ КОМПОНЕНТЫ: КОМПЬЮТЕР, АККУМУЛЯТОР, КОРПУС И КАМЕРА.

Данная система представляет собой альтернативу различным коммерческим системам, доступным для этой цели. Среди этих преимуществ: низкая общая стоимость и стоимость обслуживания системы, возможность автоматического или дистанционного управления через Интернет, возможность замены детектора для измерения других газов и одновременное измерение других параметров, таких как влажность, температура, давление и скорость движения воздуха в месте отбора проб (MORENO, 2012).

Поток, обусловленный дыханием почвы, рассчитывается как скорость изменения концентрации CO_2 в объеме камеры за единицу времени в соответствии с уравнением (5), приведенным ниже:

Rs=(Cn-Cn1)/Δt*(V/A)*(P/RT),   (5)

Где: Rs=Референсный поток CO_2 (мкмоль м$^{-2}$ с$^{-1}$), Cn=Концентрация CO2 (ppm), P=Давление воздуха (Па), T=Температура воздуха (K), R=Удельная газовая постоянная (8,314 Дж моль$^{-1}$ K^{-1}), V=Объем камеры (м^3), A=Площадь горизонтального покрытия камеры (м).^{2}

Инфракрасная спектроскопия, аналитический метод, используемый оборудованием для определения концентрации CO_2, использует поглощение излучения для измерения концентрации химических соединений и обычно применяется для определения концентрации соединений, состоящих из водорода, углерода или кислорода и азота (MORENO, 2012).

Инфракрасный газоанализатор (IRGAS) (рис. 13) состоит из инфракрасного излучателя,

26

измерительной ячейки (называемой оптическим трактом), оптического фильтра и детектора. Инфракрасный сигнал от источника проходит через измерительную ячейку, в которой находится анализируемый образец газа. Перед попаданием на образец свет проходит через монохроматор (который может представлять собой призму, дисперсионную сеть или фильтр), который преобразует полихроматический свет в монохроматический (ROMANO, 2006, apud MORENO, 2012).

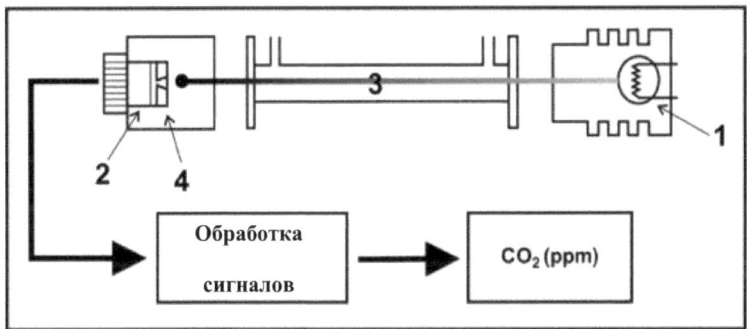

Рисунок 13. Основной состав IRGA.1. Источник инфракрасного излучения, 2. Двойной детектор, 3.

Пробоотборник (оптический путь), 4. Фильтр. Источник: MORENO (2012).

Когда образец воздуха проходит через анализатор, в данном случае Li-840, он облучается пучком света известной интенсивности (P0). Облученные фотоны вступают в контакт с молекулами образца, и если их колебательная энергия несовместима с энергией фотонов, энергия не поглощается, и все фотоны проходят через образец. В этом случае облученный пучок, выходящий из образца, будет иметь ту же интенсивность, что и падающий пучок P0 = P. Аналогично, если энергия фотонов в облучаемом свете совместима с колебательной энергией молекул, они будут поглощать фотоны, увеличивая их колебательное движение, и, следовательно, интенсивность падающего пучка будет уменьшаться. Интенсивность фотонного пучка, выходящего из образца, будет меньше, чем начальная интенсивность падающего пучка (P0 > P) (HARRIS, 1999 apud MoRENo, 2012).

Перед снятием показаний в полевых условиях оборудование было откалибровано на физическом факультете UNESP Rio Claro. Для этого использовались две газовые смеси с известной концентрацией и применялись калибровочные полиномы, имеющиеся в программном обеспечении прибора. Калибровка проводилась с помощью смеси, содержащей только чистый азот, т.е. 0 ppm co2 (0% co2), и другой смеси с концентрацией 335 ppm CO2 (0,035% co2).

Программное обеспечение, используемое для регистрации данных, собранных Li-840, также используется для калибровки анализатора, поэтому можно откалибровать и записать уровень без концентрации CO_2 (*Zero co2*) и уровень *Span co2*, где регистрируется известная концентрация. Таким образом, для калибровки требуется две точки с известной концентрацией.

После калибровки оборудования данные были собраны в FEENA. Каждая кривая сбора данных, представленная на графике (рис. 14), дает информацию о концентрации CO_2 в зависимости от времени, используя эту информацию и уравнение (5) для расчета измерения выбросов CO_2. в каждой точке было проведено до пяти измерений, и каждая из кривых, представленных на рисунке 14, была получена путем закрытия камеры оборудования и накопления CO_2 внутри нее. Когда камера открыта, в среднем каждые 2 минуты происходит резкое снижение концентрации внутри камеры.

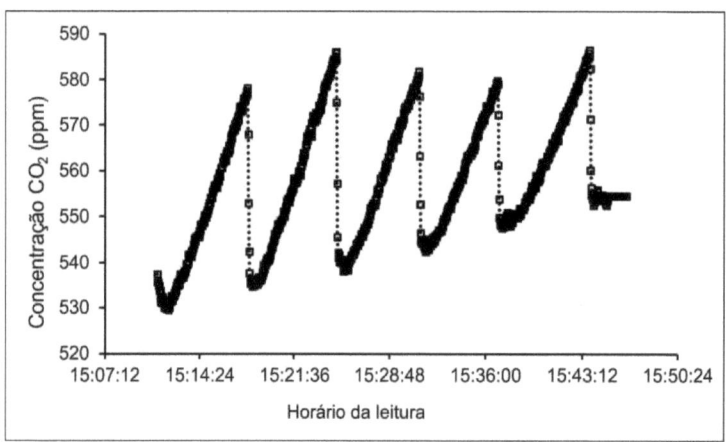

Рисунок 14: Измерения накопления co2 в точке 17 на участке 15.

4.3 Влажность почвы

Для измерения влажности почвы в полевых условиях мы использовали прибор под названием "*Speed moiusture tester*" (рис. 15), который, согласно Garzella (2011), дает удовлетворительные результаты при определении влажности различных типов почвы. Изначально это оборудование использовалось для быстрого определения влажности материалов различного происхождения, таких как семена, волокно и уголь, на основе реакции воды с карбидом.

28

Рисунок 15. ВЛАГОМЕР ПОЧВЫ СКОРОСТНОГО ТИПА.

Химический принцип работы измерителя типа *Speed* основан на процессе образования и количественного определения ацетилена в результате реакции воды с карбидом кальция, также известном как метод карбида кальция. Принцип измерения заключается в смешивании карбида кальция с анализируемым материалом внутри цилиндра, и в результате реакции с водой, содержащейся в почве, образуется газ ацетилен. В этом процессе вода, содержащаяся в анализируемом материале, способствует гидролизу карбида, в результате чего два атома водорода замещают кальций в его структуре, что приводит к образованию ацетилена в соответствии с приведенной ниже химической реакцией (GARZELLA, 2011):

$$2\ H_2O + CaC_2 \rightarrow Ca(OH)_2 + C_2H_2 (\uparrow) +\ _{энергия\ (6)}$$

Таким образом, устанавливается стехиометрическая зависимость между количеством воды, используемой в качестве реактива, и количеством ацетилена, получаемого в качестве продукта. Исходя из этого соотношения, где каждый моль ацетилена соответствует двум молям воды, можно определить содержание воды в образце путем количественного определения образовавшегося ацетилена. Поскольку он является газом при комнатной температуре, его количественное определение осуществляется путем измерения давления, оказываемого им на внутреннюю поверхность цилиндра, с помощью манометра (GARZELLA, 2011).

С помощью таблиц полученное значение давления преобразуется в процентное содержание воды в образце. При снятии показаний часто бывает трудно получить правильное содержание влаги из-за проблем с показаниями давления или из-за частого несоответствия в таблице преобразования давления и влажности (GARZELLA, 2011).

29

Сначала необходимо было откалибровать показания прибора, что и было сделано в апреле 2014 года, чтобы оптимизировать работу с оборудованием и добиться большей точности в определении влажности почвы, что позволило правильно соотнести влажность с другими параметрами, измеренными в рамках проекта.

Для проведения калибровки один килограмм почвы был взят из слоя 0-10 см на участке 23, разбит и помещен на поднос, выставленный на воздух, чтобы он потерял свою естественную влажность. Затем пять 150-граммовых аликвот были разделены и помещены в пластиковые пакеты, в которые было добавлено разное количество воды для получения разной влажности. Эти аликвоты хранились в коробках из пенополистирола в течение 3 дней для гомогенизации.

После того как все аликвоты почвы были гомогенизированы, три образца каждой обработки были помещены в тигель, предварительно взвешенный, и измерен влажный вес, тигли были помещены в печь при 100 С на 24 часа, после чего они были снова взвешены, из разницы между влажным и сухим весом была рассчитана гравиметрическая влажность почвы.

4.4 Температура и теплопроводность почвы

Температуру и теплопроводность почвы измеряли с помощью системы сбора данных KD 2Pro (*Decagon*, США), соединенной с зондом KS-1 (игла с нагревателем и термопарой), с точностью ± 5% для значений теплопроводности от 0,2 до 2,0 Втм K^{-1-1} и ± 1% для значений от 0,02 до 0,2 Втм K^{-1-1} . Данные о температуре и теплопроводности собирались на расстоянии 5 см от точки сбора путем введения зонда KS-1 в почву во время сбора данных о потоке CO_2 (рис. 16). Хотя зонд KS-1 не подходит для использования во влажной почве, он использовался потому, что это было доступное оборудование для измерения данного параметра.

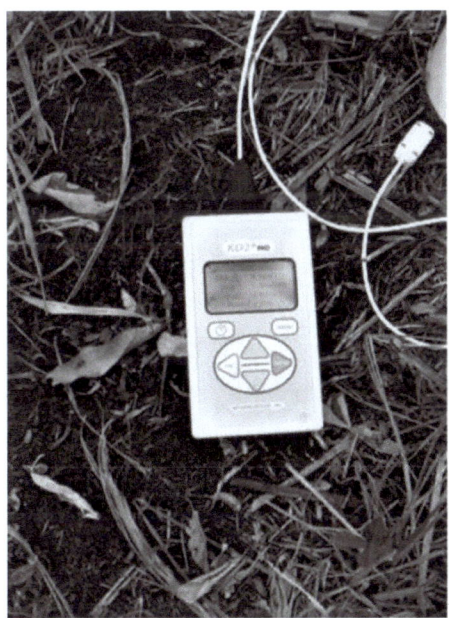

Figura 16. KD2 - ОБОРУДОВАНИЕ PRO, ПОДКЛЮЧЕННОЕ К ДАТЧИКУ ÎHÎ, СОБИРАЮЩЕМУ ДАННЫЕ НА УЧАСТКЕ 15.

4.5 Климатические параметры

Климатические параметры, температура, влажность воздуха и атмосферное давление, измерялись в полевых условиях с помощью метеостанции ANOVA, входящей в состав модели DRIA-0511, размещенной на земле рядом с камерой, с непрерывной регистрацией этих параметров во время измерений потока CO_2. В полевых условиях результаты измерений заносились в электронную таблицу и затем сопоставлялись с выбросами CO_2.

4.6 Определение содержания углерода и азота в почве

Образцы почвы были отобраны на участках 15 (17 точек) и 23 (10 точек) для определения количества углерода и азота. Материал удаляли перочинным ножом, выбрасывая листовую подстилку, и собирали поверхностный слой (0-5 см). Затем материал высушивали в духовке при температуре 40 °C, разбивали вручную деревянным валиком и пропускали через сито с мелкой сеткой (2 мм), чтобы получить мелкозернистую воздушно-сухую почву (TFsA).

Образцы TFSA были мацерированы и пропущены через сито с ячейками ≤ 100. Затем пять граммов почвы из каждой точки были отделены, упакованы в мешки и определены для анализа. Азот был получен по методу Кьельдаля (1883), а углерод - по методу Йоманса и Бремнера (1988).

31

4.7 Обработка данных

Для оценки корреляции между параметрами, измеренными в поле (независимые переменные), и выбросами CO_2 (зависимая переменная) использовался множественный регрессионный анализ - многомерный статистический метод, широко применяемый в экологических исследованиях для оценки предсказательной силы независимых переменных по отношению к зависимым переменным (HAIR JR. et al, 2005).

Общая модель множественной регрессии при применении к выборке размером n имеет вид, представленный ниже (HAIR JR. et al, 2005):

$$Y_i = \beta_0 + \beta_1 X_{1i} + \beta_2 X_{1i} \dots + \beta p X p i + \varepsilon_i, \quad i = 1, 2, \dots, n \quad (7)$$

Где,

Y_i = зависимая или объясняемая переменная i=1, *2...n*.

β_0 = перехват или член независимой переменной

β_i = наклон Y относительно переменной X_i при постоянных $X_2, X_3, \dots X_p$

βp = наклон Y относительно переменной X_p, при этом $X_i, X_2, \dots X_{p-1}$ остаются постоянными

ε_i = случайная ошибка в Y, для наблюдения i, i=1,2, ... ,n.

Для множественной регрессии необходимо, чтобы $\varepsilon_i \sim N(0, \sigma^2)$, то есть ошибки должны иметь гауссово распределение, быть независимыми с нулевым средним и постоянной дисперсией.

Существуют некоторые статистические допущения, которые не могут быть нарушены при разработке моделей с использованием множественной линейной регрессии и которые необходимы для правильного оценивания. Моделирование должно отвечать как минимум следующим предположениям: линейность, гомоскедастичность и гетероскедастичность, независимость остатков, нормальность, *выбросы,* коллинеарность и мультиколлинеарность (HAIR Jr., et al., 2005).

Чтобы проверить наличие нарушений статистических предпосылок множественной линейной регрессии, самым простым и привычным способом является анализ графика остатков (HAIR Jr. et al., 2009). Экологические данные, подобные собранным в рамках данного проекта, часто имеют цензурированные, пропущенные и/или отклоняющиеся значения (*выбросы*), могут не иметь нормального или логнормального распределения, а связь между измеренными и расчетными значениями зависимой переменной может иметь большие ошибки, известные как гетероскедастичность, что может поставить под угрозу прогноз зависимой переменной (HAIR Jr. et al., 2005). Когда некоторые из статистических предположений нарушаются, необходимо предпринять корректирующие действия, и в этом случае наиболее подходящими для исправления нарушений общей взаимосвязи могут оказаться робастные статистические методы (SABINO, et al., 2014).

Необходимо соблюдать некоторые минимальные меры предосторожности в отношении количества независимых переменных и количества выборок общей взаимосвязи. Добавление переменной всегда увеличивает значение коэффициента взаимосвязи, когда количество выборок невелико, этот эффект называется чрезмерной подгонкой, это влияние минимизируется, когда выборка имеет минимум 10-15 наблюдений для каждой независимой переменной (HAIR Jr., et al., 2009).

5. РЕЗУЛЬТАТЫ

В этой главе будут представлены результаты, полученные в ходе проекта, включая лабораторные работы (калибровка оборудования), полевые работы (исследования выбросов CO_2) и статистическую обработку полевых данных.

5.1 Калибровка измерителя влажности

Влажность, рассчитанная для образцов почвы, подготовленных гравиметрическим и *скоростным* методом, представлена в таблице 1 ниже, а также на графике, показывающем корреляцию между этими определениями (Рисунок 17).

ТАБЛИЦА 1: Содержание влаги в образцах, подготовленных в аппарате "SPEED", и гравиметрия ОБРАЗЦОВ.

Образец	Скорость" влажность	Гравиметрическая влажность
1	4,00	4,81
3	7,50	8,22
2	11,50	13,73
4	15,80	20,91
5	19,80	31,90

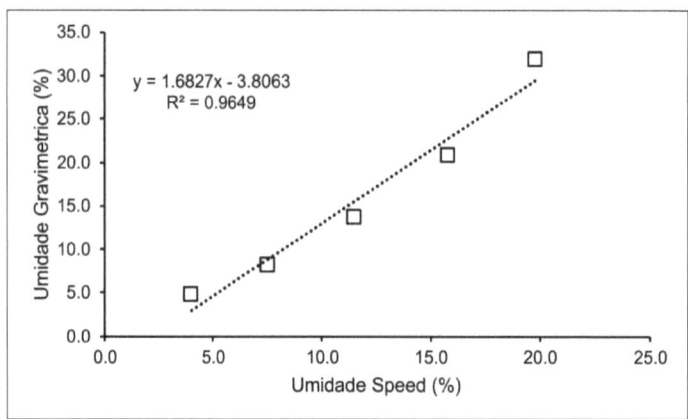

Figura 17.   КОРРЕЛЯЦИЯ МЕЖДУ ВЛАЖНОСТЬЮ, ИЗМЕРЕННОЙ В ПЕЧИ И С ПОМОЩЬЮ ИЗМЕРИТЕЛЯ "СКОРОСТЬ".

Полученное корреляционное уравнение (уравнение 8) позволило скорректировать результаты полевых измерений влажности, которые использовались в данном исследовании.

Y=1,68X - 3,806 (8)

где,

Y = *скоростная* влажность и X = гравитационная влажность

5.2 Интенсивность выбросов со2 и параметры месторождения

Данные измерений потока со2 представлены в таблицах 2 и 3, где указаны зарегистрированные выбросы со2, дата и время регистрации, температура воздуха, влажность воздуха, атмосферное давление, влажность почвы, температура почвы, теплопроводность и соотношение C/N. В таблице 4 приведена основная статистика параметров, оцененных для участков 15 и 23. Всего было проведено сто двадцать измерений выбросов CO_2 из почвы, семьдесят одно на участке 15 и сорок девять на участке 23.

Для статистической обработки собранных данных необходимо было бы иметь одинаковое количество данных для обоих участков, но это оказалось невозможным. Чтобы обойти эту проблему распределения выборки, на участке 15 было отобрано только 49 образцов по следующему критерию: из средних выбросов Со2 в каждой точке были отобраны только те, которые имели меньшее отклонение от среднего значения.

Таблица 2: Выбросы CO_2, средние параметры атмосферы и физико-химические параметры почвы на участке 23.

Пункт	Дата	Расписание	Выброс (мкмоль CO2 м^ с^21 .)	Уми. Воздух (°0)	Температура воздуха. Воздух (° C)	P Атм (IrPa)	Влажность. Почва (° 0)	Температура почвы. Почва (° C)	Тепловое состояние (Втм -¹ К¹)¹	C/N
1	7/10/2014	8:25	1.08	54	23.7	940.2	26.0	18.31	0.63	10.14
13*	10/7/2014	9:26	1.99	46	24.8	940.6	40.9	19.76	1.06	10.63
13	10/7/2014	9:33	2.29	41	24.8	940.8	40.9	19.76	1.06	10.63
13	10/7/2014	9:39	2.23	41	27.3	940.8	40.9	19.76	1.06	10.63
13	10/7/2014	9:45	2.01	29	33.3	940.8	40.9	19.76	1.06	10.63
13*	10/7/2014	9:53	2.59	33	33.3	940.8	40.9	19.76	1.06	10.63
3*	10/7/2014	10:11	1.99	30	30	940.6	37.7	19.41	0.97	10.27
3	10/7/2014	10:18	2.10	33	30.2	940.8	37.7	19.41	0.97	10.27
3	10/7/2014	10:25	2.17	35	28.5	940.5	37.7	19.41	0.97	10.27
3*	10/7/2014	10:32	1.92	35	28.5	940.5	37.7	19.41	0.97	10.27
3	10/7/2014	10:38	2.28	35	29.7	940.5	37.7	19.41	0.97	10.27
4*	10/7/2014	10:53	1.58	24	32.2	940.3	22.8	21.82	1.07	11.94
4	10/7/2014	10:59	1.79	24	35.8	940.1	22.8	21.82	1.07	11.94
4	10/7/2014	11:07	1.84	22	37.2	939.7	22.8	21.82	1.07	11.94
4	10/7/2014	11:14	1.93	24	35.5	939.7	22.8	21.82	1.07	11.94
4*	10/7/2014	11:21	1.98	29	31.3	939.6	22.8	21.82	1.07	11.94
5*	10/8/2014	14:32	1.39	32	37.8	940.6	21.6	33.02	0.41	12.63
5	10/8/2014	14:04	2.01	15	43.4	940.8	21.6	33.02	0.41	12.63

Пункт	Дата	Расписание	Выброс (мкмоль CO2 нр² с^1 .)	Уми. Воздух (°0)	Температура воздуха. Воздух (°С)	Р Атм (IiPa)	Влажность. Почва (° 0)	Температура почвы. Почва (° С)	Конд. Терни (Wnr¹ K')¹	C/N
5	10/8/2014	14:48	2.06	12	46.2	940.5	21.6	33.02	0.41	12.63
5	10/8/2014	14:56	1.96	15	48.3	940.5	21.6	33.02	0.41	12.63
5*	10/8/2014	15:03	2.04	13	50.2	940.5	21.6	33.02	0.41	12.63
7	10/8/2014	16:04	1.61	13	36.3	934.6	31.9	23.45	0.92	8.57
7	10/8/2014	16:13	1.53	13	36.6	933.8	31.9	23.45	0.92	8.57
7	10/8/2014	16:02	1.33	13	36.6	934	31.9	23.45	0.92	8.57

Пункт	Дата	Расписание	Выброс (мкмоль CO2 нр² с^1 .)	Уми. Воздух (°0)	Температура воздуха. Воздух (°С)	Р Атм (IiPa)	Влажность. Почва (° 0)	Температура почвы. Почва (° С)	Конд. Терни (Wnr¹ K')¹	C/N
8*	10/8/2014	16:45	E53	19	33.8	934	40.9	23.49	0.96	10.01
8*	10/8/2014	16:51	E87	21	32	934.2	40.9	23.49	0.96	10.01
8	10/8/2014	16:57	1.71	21	32	934.2	40.9	23.49	0.96	10.01
8	10/8/2014	17:04	1.71	23	31.1	934.2	40.9	23.49	0.96	10.01
8	10/8/2014	17:11	1.77	26	30.8	934.2	40.9	23.49	0.96	10.01
14*	10/9/2014	13:58	0.80	15	48.5	932.4	44.2	25.735	0.96	10.63
14*	10/9/2014	14:05	1.03	12	46.3	932.4	45.2	25.735	0.96	10.63
14	10/9/2014	14:12	0.96	13	45.3	932.4	46.2	25.735	0.96	10.63
14	10/9/2014	14:18	0.89	13	45.4	932.4	47.2	25.735	0.96	10.63
14	10/9/2014	14:25	1.01	12	46.9	932.2	48.2	25.735	0.96	10.63
15*	10/9/2014	14:38	1.50	13	45.9	932.1	27.5	35.295	0.86	13.63
15*	10/9/2014	14:44	1.69	12	46.5	931.9	28.5	35.295	0.86	13.63
15	10/9/2014	14:51	1.61	11	47.5	931.5	29.5	35.295	0.86	13.63
15	10/9/2014	14:57	1.68	12	46.9	931.9	30.5	35.295	0.86	13.63
15	10/9/2014	15:06	1.57	12	46.2	931.9	31.5	35.295	0.86	13.63
17	10/9/2014	15:13	1.15	12	44.3	931.9	33.2	29.14	0.73	12.63
17*	10/9/2014	15:02	1.52	12	46.2	931.9	34.2	29.14	0.73	10.63
17	10/9/2014	15:27	1.06	11	47.4	931.9	35.2	29.14	0.73	10.63
17	10/9/2014	15:32	0.98	15	48	931.9	36.2	29.14	0.73	10.63
17	10/9/2014	15:04	0.82	13	50	931.9	37.2	29.14	0.73	10.63
16*	10/9/2014	15:05	1.43	11	47.3	930.9	31.3	27.49	0.57	18.81
16	10/9/2014	15:57	1.61	13	45	932.4	32.3	27.49	0.57	18.81
16	10/9/2014	16:03	1.60	13	40.4	931.8	33.3	27.49	0.57	18.81
16*	10/9/2014	16:01	1.68	15	38.7	932	34.3	27.49	0.57	18.81
16	10/9/2014	16:16	1.61	17	37.1	932	35.3	27.49	0.57	18.81

Пункт	Дата	Расписание	Выброс (мкмоль CO2 нр² с^1 .)	Уми. Воздух (°0)	Температура воздуха. Воздух (°С)	Р Атм (IiPa)	Влажность. Почва (° 0)	Температура почвы. Почва (° С)	Конд. Терни (W11r¹ K')¹	C/N
16	10/9/2014	16:22	E60	15	37.3	932	36.3	27.49	0.57	18.81
9	10/23/2014	7:15	0.64	64	23.9	939	28.5	22.55	0.41	9.51
9	10/24/2014	7:03	0.68	54	26.3	939.5	28.5	22.55	0.41	9.51
9	10/25/2014	7:04	0.65	48	28	939	28.5	22.55	0.41	9.51
9*	10/26/2014	7:45	0.70	45	29.3	940	28.5	22.55	0.41	9.51
9	10/27/2014	7:52	0.59	45	30.4	940.4	28.5	22.55	0.41	9.51

9*	10/28/2014	8	0.68	45	30.4	940.4	28.5	22.55	0.41	9.51
10	10/29/2014	8:14	0.93	40	34	940.4	26.5	23.94	0.49	9.95
10	10/30/2014	8:31	0.93	28	40.7	940.3	26.5	23.94	0.49	9.95
10*	10/31/2014	8:29	1.07	22	42.9	940	26.5	23.94	0.49	9.95
10	11/1/2014	8:37	0.86	14	44.3	940	26.5	23.94	0.49	9.95
10	11/2/2014	8:46	0.86	25	41.5	940	26.5	23.94	0.49	9.95
6	11/3/2014	8:59	0.61	22	42.4	940.2	25.2	23.32	0.34	10.69
6	11/4/2014	9:07	0.69	29	39.3	940.5	25.2	23.32	0.34	10.69
6	11/5/2014	9:16	0.64	25	40.5	940.5	25.2	23.32	0.34	10.69
6	11/6/2014	9:31	0.58	23.2	37.3	940.6	25.2	23.32	0.34	10.69
6*	11/7/2014	9:36	0.51	33	36.7	940.6	25.2	23.32	0.34	10.69
11	11/8/2014	9:46	0.75	31	37.9	940.4	30.2	25.1	0.80	9.68
11	11/9/2014	9:53	0.98	26	41.6	940.4	30.2	25.1	0.80	9.68
11	11/10/2014	9:59	0.93	14	44.8	940.4	30.2	25.1	0.80	9.68
11*	11/11/2014	10:07	1.09	13	45.7	940.4	30.2	25.1	0.80	9.68
11	11/12/2014	10:13	0.86	11	47.3	940	30.2	25.1	0.80	9.68

Примечание: *Данные не использовались в статистическом анализе.

Таблица 3: Выбросы CO_2, средние параметры атмосферы и физико-химические параметры почвы на участке 15.

Пункт	Дата	Расписание	Выброс (мкмоль $CO?$ ITT[2] s^{rl} -)	Umi, (%)	Ar Температура воздуха. Воздух (C)	P (IiPa)	Атм Влажность Почва (%)	Температура почвы. Почва (C)	Тепловое состояние (Втм^{l} К')^{l}	C/N
4	11/10/2014	13:02	3.86	53.00	28	940.4	53.8	23.02	0.299	8.19
4	11/10/2014	13:27	2.54	56.00	28	940.4	53.8	23.02	0.299	8.19
4	11/10/2014	13:35	2.38	64.00	29.5	940.3	53.8	23.02	0.299	8.19
4	11/10/2014	13:42	2.30	54.00	30.1	940.3	53.8	23.02	0.299	8.19
4	11/10/2014	13:52	2.08	54.00	29.5	940.2	53.8	23.02	0.299	8.19
3	11/10/2014	14:08	1.59	47.00	30.5	940.3	47.1	23.43	0.289	9.66
3	11/10/2014	14:19	1.68	49.00	30.1	940.2	47.1	23.43	0.289	9.66
3	11/10/2014	14:34	1.56	56.00	29.5	940.3	47.1	23.43	0.289	9.66
3	11/10/2014	14:39	1.55	54.00	29.3	940.1	47.1	23.43	0.289	9.66
3	11/10/2014	14:48	1.56	66.00	28.6	939.9	47.1	23.43	0.289	9.66
2	11/10/2014	15:02	1.47	57.00	28.7	940	50.5	23.3	0.449	8.67
2	11/10/2014	15:08	1.03	62.00	28.7	939.7	50.5	23.3	0.449	8.67
2	11/10/2014	15:18	1.11	64.00	28.4	939.6	50.5	23.3	0.449	8.67
2	11/10/2014	15:25	0.92	66.00	28.1	939.6	50.5	23.3	0.449	8.67
2	11/10/2014	15:36	1.19	62.00	28.3	939.4	50.5	23.3	0.449	8.67
1	11/10/2014	15:53	1.32	61.00	28.7	939.5	48.8	22.95	0.32	8.42
1	10/11/1014	16:01	1.09	66.00	28.7	939.5	48.8	22.95	0.32	8.42
1	11/10/2014	16:07	1.25	65.00	28.2	939.3	48.8	22.95	0.32	8.42
1	11/10/2014	16:15	1.39	58.00	27.9	939.2	48.8	22.95	0.32	8.42
8	11/11/2014	14	0.85	47.00	27	940.2	43.8	21.42	0.48	11.39
8	11/11/2014	14:01	0.76	49.00	27	940.3	43.8	21.42	0.48	11.39

Пункт	Дата	Расписание	Выброс (мкмоль CO_2 м$^{\wedge 2}$ с$^{\wedge 1}$ ·)	Umi, Ar м$^{\wedge 2}$(%)	Температура воздуха. Воздух (^{c} C)	P Атм (гПа)	Влажность. Почва (%)	Температура почвы. Почва (^{c} C)	Тепловой конденсат (Втм $-^1$ K')^1	C/N
8	11/11/2014	14:02	0.61	48.00	27.1	940.2	43.8	21.42	0.48	11.39
8	11/11/2014	7:12	0.89	48.00	27.2	940.3	43.8	21.42	0.48	11.39
7	2/3/2015	15	3.04	80.00	26	939.5	65.6	22.51	0.58	10.61
7	2/3/2015	15:15	2.92	78.00	26.2	939.5	65.6	22.51	0.58	10.61
7	2/3/2015	15:22	2.76	78.00	26.5	939.3	65.6	22.51	0.58	10.61
7	2/3/2015	15:03	1.97	77.00	26	939.2	65.6	22.51	0.58	10.61
6	2/3/2015	15:04	1.75	70.00	26	939.7	60.6	22.48	0.55	10.81
6	2/3/2015	16	2.57	72.00	25.8	939.6	60.6	22.48	0.55	10.81
6	2/3/2015	16:01	1.23	70.00	25.8	939.6	60.6	22.48	0.55	10.81
6	2/3/2015	16:19	3.35	68.00	26	939.4	60.6	22.48	0.55	10.81
6	2/3/2015	16:03	2.73	68.00	26	939.5	60.6	22.48	0.55	10.81
5	2/3/2015	16:45	2.07	65.00	25.5	940.2	53.8	22.85	0.72	10.46
5	2/3/2015	17	2.57	60.00	25.5	940.3	53.8	22.85.	0.72	10.46
5	2/3/2015	17:15	2.86	60.00	25.3	939.5	53.8	22.85	0.72	10.46
5	2/3/2015	17:03	3.02	60.00	25.3	939.5	53.8	22.85	0.72	10.46
9	24/03/2015	14:37	1.59	81.00	25.2	945.4	57.2	21.17	0.66	8.77
9	24/03/2015	14:45	1.95	84.00	25.2	945.4	57.2	21.17	0.66	8.77
9	24/03/2015	14:52	1.99	81.00	25.4	945.2	57.2	21.17	0.66	8.77
9	24/03/2015	15:01	1.98	80.00	25.2	945.1	57.2	21.17	0.66	8.77
13	17/04/2015	10:23	1.64	86.00	23.2	945.9	57.2	21.42	0.48	9.66
14	17/04/2015	10:04	1.73	88.00	23.3	945.6	53.8	21.42	0.48	9.66
15	17/04/2015	10:55	2.59	89.00	23.5	945.3	63.9	21.42	0.48	9.66
16	17/04/2015	11:05	2.14	89.00	24.2	945.2	50.5	21.42	0.48	9.66

Пункт	Дата	Расписание	Выброс (мкмоль CO_2 м$^{\wedge 2}$ с$^{\wedge 1}$ ·)	Umi, Ar м$^{\wedge 2}$(%)	Температура воздуха. Воздух (^{c} C)	P Атм (гПа)	Влажность. Почва (%)	Температура почвы. Почва (^{c} C)	Конд. Терни (Wm^{i1} K')^1	C/N
10	17/04/2015	11:02	2.49	88.00	24.7	945.0	67.3	21.42	0.48	9.66
17	13/05/2015	9:05	2.10	89.00	19.4	948.6	39.9	18	0.48	9.66
14	13/05/2015	09:34	2.40	77	21	949.3	70.0	18	0.48	9.66
И	13/05/2015	10:05	2.03	88.00	19.6	948.8	39.9	18	0.48	9.66
12	13/05/2015	10:15	1.67	92.00	18.9	948.5	34.0	18	0.48	9.66

ТАБЛИЦА **4**: ОПИСАТЕЛЬНАЯ СТАТИСТИКА ПАРАМЕТРОВ, ИЗУЧЕННЫХ В РАМКАХ ПРОЕКТА.

	Подъемник	Выброс (мкмоль CO_2 м$^{\wedge 2}$ с$^{\wedge 1}$ ·)	Уми. Воздух (^{c} C)	Температура воздуха. Воздух (^{c} C)	P Атм (IrPa)	Влажность. Почва (%)	Температура почвы. Почва (^{c} C)	Конд. Терни (W nг^1 K')^1	C/N	Расписание
СМИ		E38	23.97	38.22	937.14	32.10	25.20	0.74	11,40	12.36
Макс.		2.59	64.00	50.20	940.80	48.19	35.30	1.07	18,81	17.18
Мин	15	0.51	11.00	23.70	930.90	21.65	18.31	0.34	8,57	7.25
DV		0.54	12.66	7.51	3.86	7.10	4.50	0.25	2,55	3.14
CV		39.13	52.82	19.65	0.41	22.12	17.86	33.78	22,37	25.40

Медиана		1.52	22.00	37.80	940.00	30.49	23.94	0.80	10,63	11.67
СМИ		1.92	67.84	26.36	941.58	53.34	22.12	0.48	9,64	14.17
Макс.		3.86	92.00	30.50	949.30	70.00	23.43	0.72	11,39	17.50
Мин	23	0.61	47.00	18.90	939.20	33.99	18.00	0.29	8,19	7.20
DV		0.73	13.39	2.70	3.04	7.77	1.44	0.13	1,01	2.31
CV		38.02	19.74	10.24	0.32	14.57	6.51	27.08	10,48	16.30
Медиана		1.95	66.00	26.20	940.20	53.85	22.51	0.48	9,66	14.80
СМИ	Всего	1.63	46.08	32.18	939.45	42.54	23.56	0.60	10,45	13.16
Макс.		3.86	92.00	48.30	949.30	70.00	35.30	1.07	18,81	17.50
Мин.		0.51	11.00	18.90	931.50	21.65	18.00	0.29	8,19	7.20
CV		31.29	23.87	58.73	99.15	50.89	76.40	48.33	78,37	54.71
DV		0.70	25.47	7.97	4.03	13.07	3.50	0.24	2,10	3.00
Медиана		1.61	48.00	29.00	940.05	41.72	23.02	0.55	10,01	14.31

Что касается потоков CO_2 от эмиссии углерода почвой, было отмечено, что на участке 15 эмиссия была немного ниже, чем на участке 23, соответственно от 0,51 до 2,59 мкмоль CO_2 м$^{-2}$ с$^{-1}$, со средним значением 1,38 мкмоль CO_2 м$^{-2}$ с$^{-1}$, стандартное отклонение 0,54 и медиана 1,52 мкмоль CO_2 м$^{-2}$ с$^{-1}$, против выбросов, которые колебались от 0,61 до 3,86 мкмоль $CO2$ м$^{-2}$ с$^{-1}$, в среднем 1,92 мкмоль CO_2 м с$^{-2-1}$, стандартное отклонение 0,73 и медиана 1,95 мкмоль CO_2 м с$^{-2-1}$ (Таблица 3). На рисунке 18 показаны эти различия.

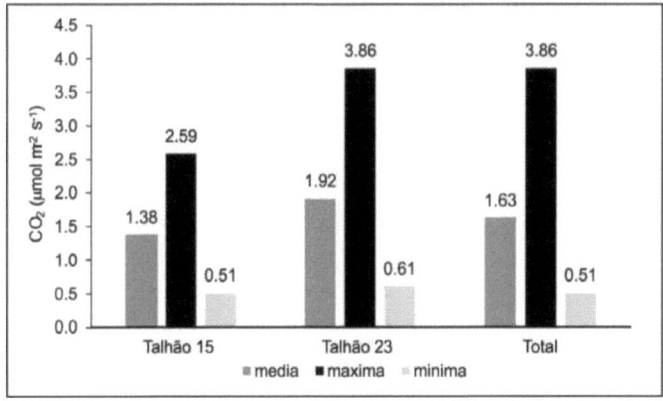

Рисунок 18: Выбросы CO_2.

Из-за периода сбора данных и затенения деревьями колебания температуры на участке 15 больше, чем на участке 23, соответственно от 23,7°С до 50,2°С (в среднем 38,3°С) и от 18,9°С до 30,5°С (в среднем 26,4°С). Температура почвы демонстрирует аналогичное поведение, изменяясь от 18,3°С до 35,3°С (в среднем 25,2°С) на участке 15 и от 18,0°С до 23,4°С (в среднем 22,1°С) (Таблица 3 и Рисунок 19).

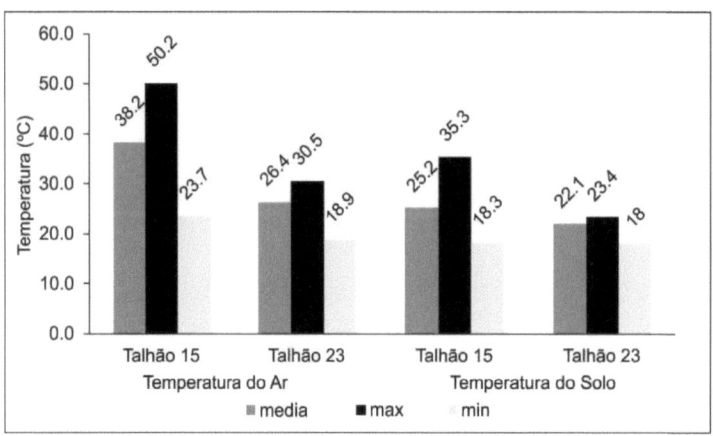

Рисунок 19: Температура почвы и воздуха в период сбора материала.

Относительная влажность воздуха на участке 15 варьировала от 11,0 до 64,0% (в среднем 23,9%), а на участке 23, из-за наличия растительности, от 47,0 до 92,0% (в среднем 67,8%) (рис. 20). Наблюдались небольшие колебания атмосферного давления: от 930,9 гПа до 940,8 гПа на участке 15 и от 939,2 гПа до 949,3 гПа на участке 23.

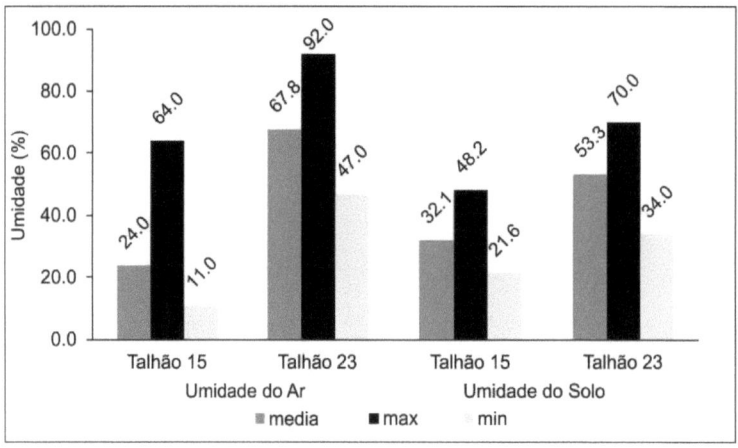

Рисунок 20: Влажность почвы и воздуха в период сбора материала.

В результате наличия растительного покрова на почве, физические параметры почвы имеют некоторые различия между участками. Влажность почвы на участке 15 варьировала от 21,7% до максимального значения 48,2% (в среднем 32,1%), в то время как на участке 23 она изменялась от 34,0% до 70,0% (в среднем 53,3%) (Рисунок 20). Теплопроводность участка 15 выше, чем участка 23, от 1,07 Вт м$^{-1}$ К$^{-1}$ до 0,34 Вт м К$^{-1-1}$ (в среднем 0,74 Вт м$^{-1}$ К$^{-1}$), и от 0,72 Вт м$^{-1}$ К$^{-1}$ до 0,29 Вт м К$^{-1-1}$ (в среднем 0,48 Вт м$^{-1}$ К$^{-1}$), соответственно (Рисунок 21).

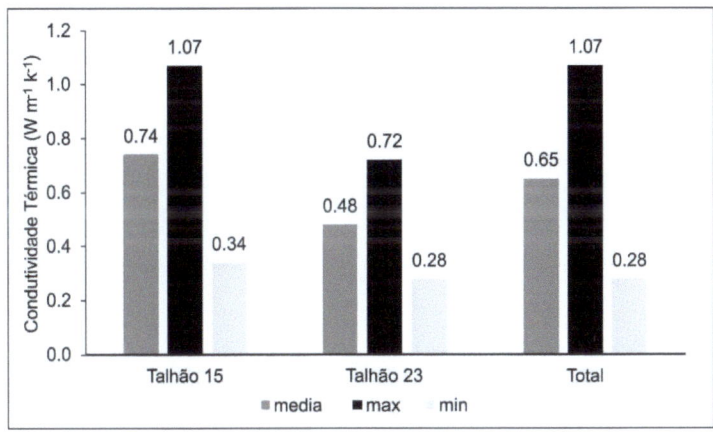

Отношение C/N показало более высокие значения на участке 15, что указывает на меньшее присутствие углерода в почве: от 18,8 до 8,6 (в среднем 11,44) на участке 15, и от 11,4 до 8,2 (в среднем 9,6) на участке 23 (Рисунок 22).

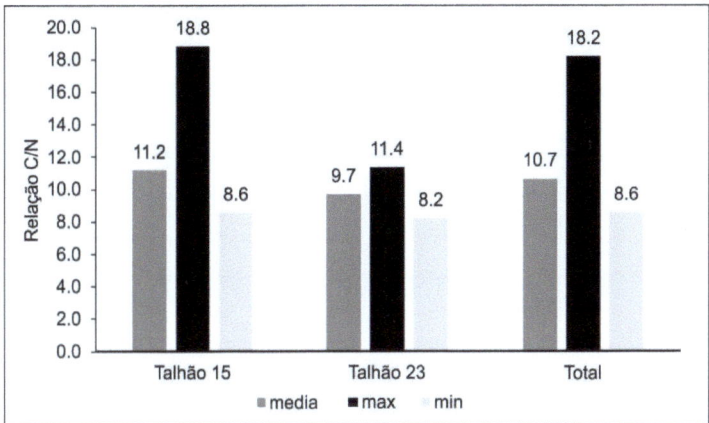

Рисунок 22: ИЗМЕРЕННОЕ СООТНОШЕНИЕ C/N.

5.3 Оценка ежедневных колебаний выбросов

Различные исследования выбросов CO_2 и дыхания почвы показывают, что выбросы колеблются ежедневно (LA SCALA et al. 2000; TEIXEIRA et al., 2011; EPRON, 2014; BICALHO et al., 2014). Полевая информация собиралась в разные дни и в разное время суток, и для того, чтобы понять эти колебания в исследуемом районе, были рассчитаны среднесуточные значения измеренных выбросов, а также параметры влажности почвы и температуры воздуха, переменные, которые значительно коррелируют с дыханием почвы (DIAS, 2006; EPRON et al., 2006; OHASHI AND GYOKUSEN, 2007).

ТАБЛИЦА 5: ОПИСАТЕЛЬНАЯ СТАТИСТИКА ВЫБРОСОВ CO2, ТЕМПЕРАТУРЫ ПОЧВЫ И ВЛАЖНОСТИ ПОЧВЫ ЗА ВСЕ ДНИ ИССЛЕДОВАНИЯ В 2014/2015 гг.

Дата	Выбросы CO_2 (мкмоль CO_2 м$^{-2}$ с)$^{-1}$		Влажность почвы (%)		Температура воздуха (°C)		n
	СМИ	cv*(%)	СМИ	CV (%)	СМИ	CV (%)	
07/09/14	1,98	16,67	33,32	23,62	30,38	12,94	16
08/09/14	1,73	13,29	31,42	26,88	38,08	17,04	13
09/09/14	1,32	24,24	36,06	17,25	45,1	7,82	21
23/09/14	0,77	21,46	27,63	6,75	37,39	18,02	21
10/10/14	1,68	40,9	50,13	5,06	28,88	2,67	19
11/10/14	0,78	14,04	43,75	0	27,08	0,31	4
03/02/15	2,53	22,89	60,06	7,72	25,84	1,32	13
24/03/15	1,88	8,82	57,21	0	25,25	0,34	4
17/04/15	2,12	18,16	58,56	10,66	23,78	2,43	5
13/05/15	2,05	12,71	45,94	30,69	19,73	3,95	4

obs:* CV - коэффициент вариации

Среднесуточная эмиссия CO2 из почвы составляла от 0,77 до 1,98 мкмоль CO2 м$^{-2}$ с$^{-1}$ для участка 15 (лесовосстановление на стадии роста) и от 0,78 до 2,53 мкмоль CO2 м$^{-2}$ с$^{-1}$ для участка 23 (устоявшееся лесовосстановление), что свидетельствует о более высоких показателях эмиссии для уже восстановленного участка, как уже отмечалось ранее.

Значения коэффициента вариации составили от 8 до 40 %, что ниже, чем у других авторов (BiCALHo et al., 2014) в штате Сан-Паулу. При анализе этих значений следует учитывать, что в рамках данного проекта каждая точка измерялась более одного раза, а в некоторые дни проводилось всего несколько измерений.

При сравнении средних значений влажности почвы и интенсивности выбросов (табл. 5) видно, что между ними существует корреляция, причем увеличение влажности соответствует увеличению выбросов. Однако эта корреляция не является статистически значимой (*r=0,60, p<0,06*), в основном из-за малого количества образцов.

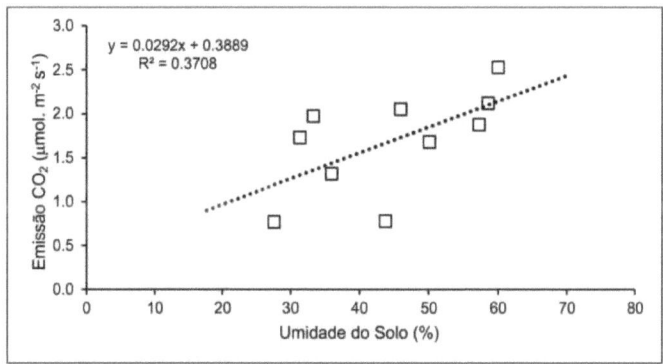

При сравнении с измеренными температурами была обнаружена отрицательная линейная корреляция между среднесуточной эмиссией СО2 и среднесуточной температурой (Рисунок 24), опять же, статистически не значимая (*r=-0,49, p<0,2*). Хотя и не значительная, отрицательная корреляция может быть объяснена измерением более высоких уровней выбросов (Рисунок 18) в восстановленном лесном массиве (участок 23), где температура ниже и более однородна (Рисунок 19).

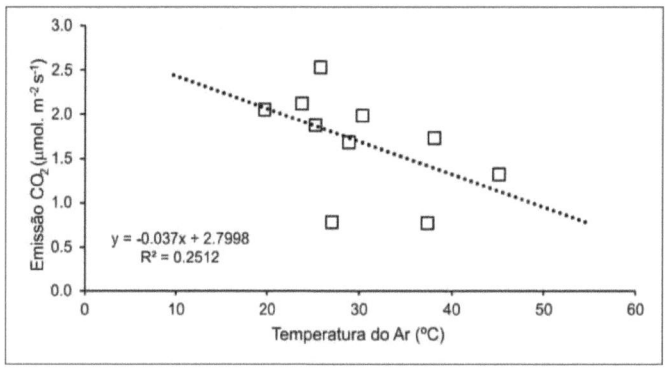

5.4 Выбросы СО2 и переменные окружающей среды

Чтобы лучше изучить взаимосвязь между переменными, измеренными в рамках проекта, была составлена корреляционная матрица для данных, собранных на новом лесовосстановленном участке, чтобы можно было оценить корреляции между независимыми переменными. В таблице 6 представлена корреляционная матрица для данных, собранных на участке 15.

	Я видел Выпуск	V2 Влажность. Воздух	V3 Температура воздуха	V4 Давление	V_5 U do почва	V6 Т.Соло	V7Cond. Термин.	V8 C/N	V9 Расписание
Я видел	1,00	-	-	-	-	-	-	-	-
V2	-0,11	1,00	-	-	-	-	-	-	-
V3	-0,21	**-0,84***	1,00	-	-	-	-	-	-
V4	0,02	**0,61***	**-0,47***	1,00	-	-	-	-	-
V5	0,18	-0,09	-0,10	''.-****z -0,46	1,00	-	-	-	-
V6	-0,02	**-0,62***	**0,75***	**-0,52***	**-0,24***	1,00	-	-	-
V7	**0,56***	-0,16	-0,16	-0,20	**0,57***	**-0,26***	1,00	-	-
V8	**0,28****	**-0,37***	**0,29***	**-0,44***	-0,08	**0,46***	-0,16	1,00	-
V9	**0,33***	**-0,74***	**0,47***	**-0,79***	**0,31***	**0,58***	**0,26***	**0,44***	1,00

Показатели эмиссии CO2 из почвы показали значительную линейную корреляцию с тремя изучаемыми переменными (табл. 6): теплопроводностью ($r=0,56$, $p<0,0001$), соотношением C/N ($r=0,28$, $p<0,05$) и временем суток ($r=0,33$, $p<0,05$).

Температура воздуха показала незначительную отрицательную корреляцию ($r=-0,21$, $p<0,1$) с выбросами, как и корреляция между суточным дыханием почвы и температурой, на участке 15 это объясняется тем, что в период сбора урожая стояла очень жаркая температура, которая в итоге подавляла активность бактерий (KANG et al., 2003).

Влажность почвы показала незначительную линейную корреляцию ($r=0,18$, $p<0,2$) с дыханием. Значительная положительная линейная корреляция ($r=0,57$, $p<0,0001$) между теплопроводностью и влажностью почвы, а также корреляция между теплопроводностью и выбросами может свидетельствовать о влиянии влажности на дыхание почвы.

Хотя время суток не оказывает прямого влияния на выбросы, оно может представлять собой влияние переменных окружающей среды, которые коррелируют между собой, переменная показывает линейную корреляцию.

с температурой воздуха ($r=0,47$, $p<0,0001$), температурой почвы ($r=0,58$, $p<0,0001$) и влажностью почвы ($r=0,31$, $p<0,01$).

Мы знаем, что на этом участке только что были восстановлены леса, поэтому на выбросы мало влияет дыхание корней растений. В этом случае количество углерода в почве может быть определяющим фактором для количества выделяемого co2, так как соотношение C/N показало положительную линейную корреляцию с выбросами.

Аналогичная процедура была проведена и на участке 23, засаженном в 1918 году с той же целью (табл. 7).

Таблица 7: Корреляционная матрица площади посевов 1918 года (участок 23). Значения отмечены астериском *P<0,05*

	V1 Выпуск	V2 Влажность. Воздух	V3 Температура воздуха	V4 Давление	V₅ U do почва	V6T.Solo	V7Cond. Термин.	V8 C/N	V9 Расписание
V1	1,00	-	-	-	-	-	-	-	-
V2	**0,28***	1,00	-	-	-	-	-	-	-
V3	-0,24	**-0,77***	1,00	-	-	-	-	-	-
V4	0,07	**0,72***	**-0,81***	1,00	-	-	-	-	-
V₅	**0,55***	**0,34***	-0,05	-0,06	1,00	-	-	-	-
V6	-0,02	**-0,60***	**0,89***	**-0,88***	0,14	1,00	-	-	-
V7	0,27	**0,41***	**-0,51***	0,18	**0,38***	-0,26	1,00	-	-
V8	0,04	-0,03	-0,28	-0,12	0,11	-0,17	**0,48***	1,00	-
V9	0,08	**-0,36***	**0,51***	**-0,71***	0,23	**0,68***	0,22	-0,01	1,00

Поле 23 показало значительную линейную корреляцию (табл. 7) между эмиссией CO_2 и влажностью почвы ($r=0,55$, $p<0,0001$) и воздуха ($r=0,28$, $p<0,05$).

Взаимосвязь между влажностью почвы и дыханием CO_2 уже была показана при анализе суточных колебаний влажности: с увеличением влажности возрастает активность разложения М.О. микроорганизмами (KUTsCH et al., 2010).

Влажность воздуха на участке 23 показывает значительную корреляцию с влажностью почвы ($r=0,34$, $p<0,05$), что указывает на то, что повышение влажности воздуха связано с выпадением осадков. Как и на участке 15, температура воздуха показывает отрицательную линейную связь ($r=-0,24$, $p<0,11$), которая не является значимой с выбросами.

При оценке корреляционной матрицы с учетом всех собранных данных (табл. 8) по двум районам видно, что выбросы CO_2 демонстрируют значительную положительную корреляцию со следующими параметрами: влажность воздуха ($r=0,40$, $p<0,0001$), атмосферное давление ($r=0,25$, $p<0,05$), влажность почвы ($r=0,55$, $p<0,0001$) и время суток ($r=0,33$, $p<0,01$) и значительную отрицательную корреляцию с температурой воздуха ($r=-0,41$, $p<0,0001$).

Таблица 8: Корреляционная матрица общих данных по проекту. Значения отмечены ASTERISCO *P<0,05*

	V1 Выпуск	V2 Влажность. Воздух	V3 Температура воздуха	V4 Давление	V5 U почвы	V6 Т.Соло	V7 Конд. Термин.	V8 C/N	V9 Расписание
V1	1,00	-	-	-	-	-	-	-	-
V2	**0,40***	1,00	-	-	-	-	-	-	-
V3	**-0,41***	**-0,89***	1,00	-	-	-	-	-	-
V4	**0,25***	**0,74***	**-0,67***	1,00	-	-	-	-	-
V5	**0,55***	**0,74***	**-0,63***	**0,31***	1,00	-	-	-	-
V6	-0,17	**-0,62***	**0,79***	**-0,66***	**-0,38***	1,00	-	-	-
V7	0,09	**-0,44***	**0,28***	-0,36	**-0,21***	0,05	1,00	-	-

| V$_8$ | -0,01 | -0,44* | 0,40* | -0,46 | -0,31* | 0,48* | 0,18 | 1,00 | - |
| V$_9$ | 0,33* | 0,00 | 0,04* | -0,44 | 0,42* | 0,35* | 0,05 | 0,15 | 1,00 |

Сравнивая полученные данные, можно заметить, что самые высокие выбросы CO_2 (Рисунок 18) были зафиксированы на участке 15, также как и самая высокая влажность почвы и воздуха (Рисунок 20), отношение C/N (Рисунок 22) и атмосферное давление (Таблица 4), в то время как самая высокая температура почвы и воздуха (Рисунок 19) и теплопроводность (Рисунок 21) были зафиксированы на участке 23.

Это объясняет, почему при совокупном анализе данных мы видим более сильную корреляцию между влажностью воздуха и выбросами, чем при оценке отдельных участков. В восстановленных лесных массивах влажность воздуха выше (Рисунок 20), а выбросы CO_2 выше, чем в новых лесных массивах, поэтому общие данные показывают такую корреляцию (Таблица 8), которая уже наблюдалась на участке, засаженном в 1918 году (Таблица 7).

Температура почвы показала значительную отрицательную корреляцию с дыханием почвы (Таблица 8), что уже наблюдалось при анализе среднесуточных данных (Рисунок 23) и при индивидуальном анализе каждого из участков (Таблицы 6 и 7). Это объясняется тем, что самые низкие температуры воздуха наблюдаются в лесных массивах из-за микроклимата, создаваемого растительностью.

Взаимосвязь между влажностью почвы и дыханием (Таблица 8) была схожа со значением, полученным для площади, засаженной лесом в 1918 году (Таблица 7), показывая, что влажность является важным регулятором выбросов как на вновь засаженных, так и на восстановленных территориях, с самой сильной корреляцией, обнаруженной в нашем наборе переменных.

5.5 Множественная линейная регрессия

Анализируя корреляционную матрицу со всеми данными проекта (таблица 8), можно увидеть, что существует несколько переменных, коррелирующих с выбросами CO_2, но ни одна из них не способна удовлетворительно предсказать уровень эмиссии CO_2 от дыхания почвы. Множественная линейная регрессия является подходящим статистическим инструментом для прогнозирования зависимой переменной, когда она коррелирует с несколькими независимыми переменными.

В связи с зависимостью между количеством независимых переменных и количеством выборок, разработка регрессионной модели для каждого из участков отдельно приведет к проблемам перебора (HAIR Jr. et al., 2009), поэтому рекомендуется разработать единую модель, так как оба участка находятся на одном типе почв и климатическом режиме.

Для достижения цели множественной линейной регрессии, которая заключается в оценке общей модели для прогнозирования содержания CO_2 в восстановленных лесах Атлантического тропического леса, необходимо было стандартизировать количество образцов для обоих участков. Процедура была такой же, как и ранее (Таблица 8), с использованием среднего значения, рассчитанного в каждой точке (Таблица 2), чтобы исключить измерения с наибольшими отклонениями от среднего значения (Приложение 1).

Для того чтобы оценить способность выбранных независимых переменных прогнозировать выбросы CO_2 из почвы, уравнение множественной линейной регрессии было рассчитано с помощью программы *Stata: Data Analysis and Statistical* Software на основе данных, приведенных в Приложении 1. В таблице 9 представлены результаты множественной регрессии.

ТАБЛИЦА **9**: МНОЖЕСТВЕННАЯ ЛИНЕЙНАЯ РЕГРЕССИЯ С УЧЕТОМ ВСЕХ СОБРАННЫХ ДАННЫХ.

Число наблюдателей = 98				SS	df	MS
F(8, 89)= 12,68			Регрессия	25,94612	8	3,24326526
Prob >F = 0	Корневой MSE = 0,50581		остаток	22,76997	89	0,25584241
R^2 = 0,53	R^2 с поправкой = 0,49		всего	48,7161	97	0,5022278
Переменная	Коэф.	Стандартная ошибка	t	P>|t|	(Интерв. конф. 95%)	
Температура, воздух	-0,64313	0,0207775	-3,10	0,003	-0,1056	-0,0230282
Влажность, воздух	-0,01890	0,0077692	-2,43	0,017	-0,0343	0,0034645
Температура, почва	0,09957	0,0328228	3,03	0,003	-0,0343	0,1647882
Умид, Соло	0,03462	0,008346	4,15	0,000	0,0180	0,512001
Давление	0,11100	0,0264199	4,20	0,000	0,0585	1,634966
Код. Термин,	0,89699	0,2648216	3,39	0,001	0,3708	1,423190
C/N	0,05652	0,0293649	1,92	0,057	-0,0018	0,1148726
Расписание	0,03800	0,0281285	1,35	0,18	0,0179	0,0938250
Конс	-105,1550	24,930580	-4,22	0,000	-154,6910	-55,618220

Анализ результатов показывает, что можно отвергнуть гипотезу об отсутствии регрессии, то есть модель значима на уровне значимости 0,05, так как значение F (12,68) больше критического значения (Fs = 2,126) и p-значение = 0,0000 < 0,05, можно сделать вывод, что хотя бы одна из объясняющих переменных связана с выбросами CO_2.

Коэффициент модели является удовлетворительным (R^2 =0,53) и представляет собой долю вариации выбросов CO_2, которая объясняется набором выбранных объясняющих переменных, как видно на рисунке 25, где показаны измеренные значения *в сравнении со* значениями, рассчитанными с помощью множественной линейной регрессии. Видно, что рассчитанные

47

значения (серия 2) лучше согласуются с наблюдаемыми значениями (серия 1) на участке 15 (недавно восстановленный лес - точки с 1 по 49), чем на участке 23 (восстановленный лес в 1918 году - точки с 50 по 98).

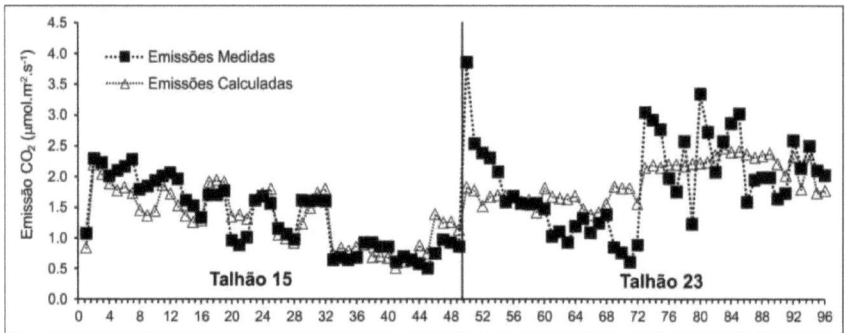

Рисунок 25: Сравнительный график измеренных (синий) и рассчитанных (оранжевый) значений.

Анализ остатков (рис. 26) показывает, что они не имеют постоянной вариации, близкой к нулю, и увеличиваются в зависимости от выбросов, т.е. имеют тенденцию к смещению, что свидетельствует о наличии гетероскедастичности, которая является нарушением статистического предположения о равенстве дисперсий членов ошибки (HAiR Jr. Et al., 2009).

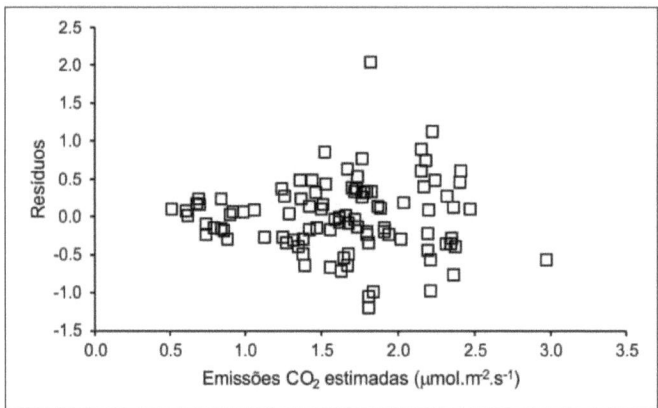

Рисунок 26: Скорректированные значения *в сравнении с* остатками. Распределение остатков показывает увеличение дисперсии по мере увеличения выбросов, что свидетельствует о гетероскедастичности.

Наличие несоответствующих наблюдений (*выбросов*) в зарегистрированных данных означало, что модель, основанная на множественной линейной регрессии, дважды нарушала статистические предположения, что не позволяло подтвердить ее достоверность.

Для устранения этой проблемы был использован метод стандартных ошибок Хаббера-Уайта

(GREENE, 2008) с использованием программы *Stata,* результаты которого представлены в табл. 10, что свидетельствует об уменьшении гетероскедастичности, при этом независимая переменная "отношение C/N" стала значимой на уровне 5%, в то время как переменная "влажность воздуха" стала значимой только на уровне 10%, а время осталось незначимым.

Таблица 10: Регрессия с использованием метода робастной ошибки Хаббера-Уайта (GREENDE, 2008).

Количество наблюдателей = 98					
F(8, 89)= 25,69					
Prob>F= 0	Корневой MSE = 0,50581				
R² = 0,53					
Переменная	Коэф.	Стандартная ошибка	t	P>|t|	(Интерв. конф. 95%)
Температура воздуха.	-0,64313	0,021435	-3,00	0,003	-0,10690	-0,021720
Влажно. Воздух	-0,01890	0,009915	-1,91	0,060	-0,03860	0,000799
Почва	0,09957	0,024360	4,09	0,000	-0,05117	0,147972
Уми. Соло	0,03462	0,009724	3,56	0,000	0,01529	0,539382
Давление	0,11100	0,021372	4,25	0,000	0,06853	0,153466
Код. тер.	0,89699	0,280551	3,20	0,002	0,33955	1,454443
C/N	0,05652	0,025240	2,24	0,028	0,00637	0,106676
Расписание	0,03800	0,024742	1,54	0,128	0,01116	0,087126
Конс	-105,1550	19,83159	-5,30	0,000	-144,560	-65,74980

Таким образом, этот метод не смог адекватно исправить проблемы, наблюдавшиеся в первоначальной регрессии, что привело к необходимости разработки третьей модели - робастной регрессии (GREENE, 2008). В этом типе регрессии *выбросы* не включаются в анализ, что позволяет решить две возникшие проблемы - гетероскедастичность и наличие несоответствующих наблюдений (рис. 26). В таблице 11 приведены результаты этой регрессии, свидетельствующие о том, что все переменные являются значимыми (p-value < 0,05).

Таблица 11. Результаты робастной регрессии для двух областей.

Количество наблюдателей = 98					
F(8, 89)= 15,39					
Prob >F = 0					
Переменная	Коэф.	Стандартная ошибка	t	P>|t|	(95% доверительный интервал)
Температура воздуха.	-0,54158	0,018513	-2,93	0,004	-0,09094	-0,01737
Влажно. Воздух	-0,01384	0,006923	-2,00	0,049	-0,02759	0,000081

49

Т. почва	0,078809	0,029246	2,69	0,008	-0,02070	0,136919
Уми. Соло	0,024148	0,007436	3,25	0,002	0,009372	0,038924
Давление	0,117122	0,023540	4,98	0,000	0,070348	0,163897
C. Term.	1,093309	0,235959	4,63	0,000	0,624464	1,562155
C/N	0,081705	0,026164	3,12	0,002	0,029717	0,133694
Расписание	0,060539	0,025063	2,42	0,018	0,010739	0,110338
Конс	-111,238	22,21343	-5,01	0,000	-155,375	-67,10

Видно, что эта регрессия смогла уменьшить гетероскедастичность (рис. 27), сократив распределение остатков для самых высоких выбросов.

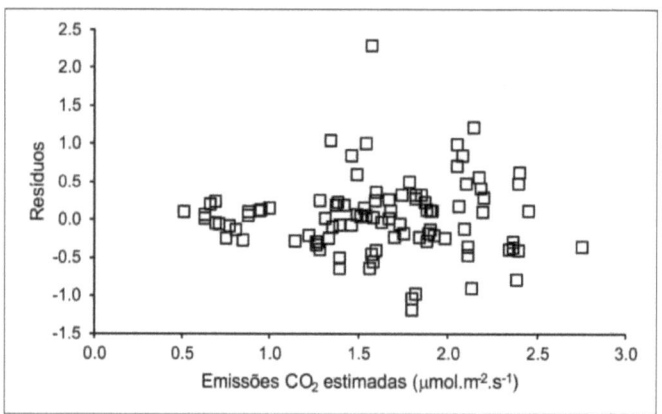

На рисунке 28 показано, что при любой из проведенных регрессий созданные модели наиболее точно воспроизводят значения выбросов, измеренные на участке 15, в то время как на участке 23, где наблюдается наибольшая вариабельность значений, измеренных в поле, ни одна из моделей не способна воспроизвести экстремальные значения выбросов (самые высокие и самые низкие).

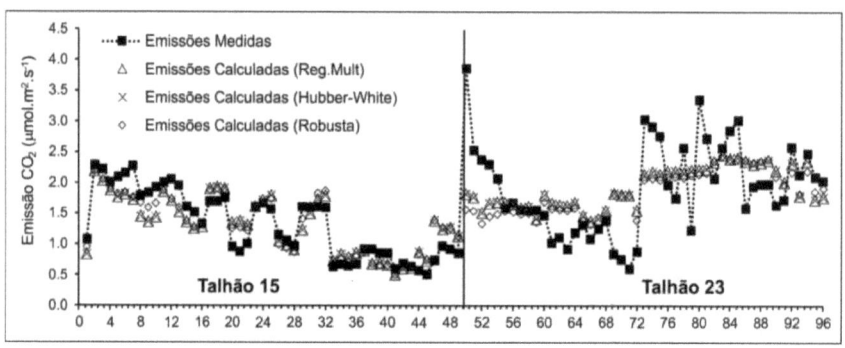

Рисунок 28: Сравнительный график наблюдаемых значений X регрессий (Observed - измеренные значения, Calculated -

Эта разница между способностью прогнозировать выбросы видна на рисунках 29-31, где показаны коэффициенты связи между измеренными и рассчитанными значениями. Если для всех проведенных измерений значение $R^2 = 0,51$, то для участка 15 линейная связь составляет $R^2 = 0,82$, а для участка 23 $R^2 = 0,19$.

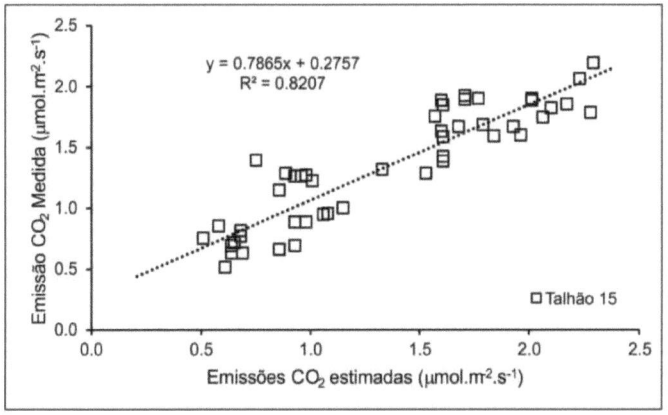

Рисунок 29: СООТВЕТСТВИЕ между наблюдаемыми выбросами и теми, которые были спрогнозированы с помощью ROBUSTA LiNEAR REGIRE для участка 15.

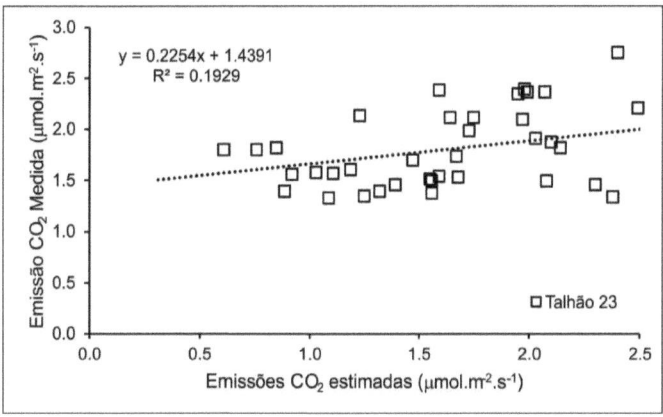

Рисунок 30: ВЗАИМОСВЯЗЬ МЕЖДУ НАБЛЮДАЕМЫМИ ВЫБРОСАМИ И ВЫБРОСАМИ, ПРЕДСКАЗАННЫМИ С ПОМОЩЬЮ РОБАСТНОЙ ЛИНЕЙНОЙ РЕГРЕССИИ ДЛЯ БЛОКА БАТЧЕР 23.

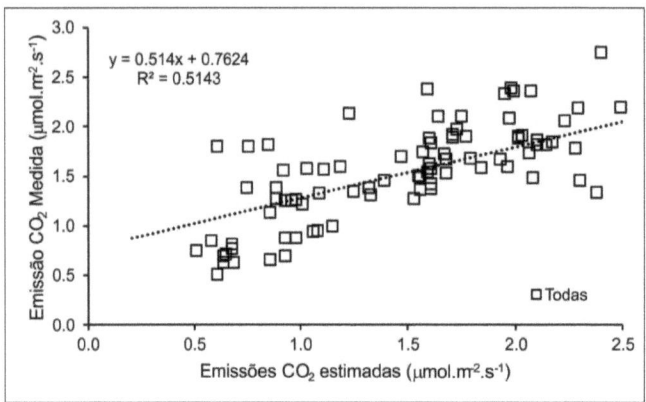

Рисунок 31: ВЗАИМОСВЯЗЬ между выбросами, наблюдаемыми и предотвращенными С помощью режима РОБУСТА ЛИНЬЯР ДЛЯ ВСЕХ ИЗМЕРЕНИЙ.

Выбранные независимые переменные в основном климатические, такие как температура и влажность (табл. 2 и 3). Существуют указания на некоторые факторы, определяющие более низкие значения дыхания на участке 15, но они не оценивались в данном проекте: количество затенения почвы соломой, так как это может повлиять на показатели дыхания почвы, количество корней, связанное с отсутствием особей деревьев с развитой корневой системой, ветер, прямая солнечная радиация и физическая структура почвы (KUTsH et al., 2010).

6. Заключительные соображения и выводы

Показатели дыхания почвы, зарегистрированные в ходе выполнения данного проекта, варьировались от 0,51 мкмоль CO_2 м $с^{-2-1}$ до 3,86 мкмоль CO_2 м $с^{-2-1}$ (в среднем 1,63 мкмоль CO_2 м $с^{-2-1}$) (рис. 18), демонстрируя значения, сходные с теми, что были получены в экспериментах, проведенных во внутренних районах Сан-Паулу при выращивании сахарного тростника (PANOSSSO et al, 2009; BRITO et al., 2010; BICALHO et al., 2014) и ниже тех, которые были зарегистрированы в лесных районах Амазонии (NUNES, 2003; SOTTA et al., 2004; CHAMBERS et al., 2004; TRUMBORE et al., 2006; DIAS, 2006).

На участке 15, восстановленном в 2014 году (рис. 7), была зарегистрирована средняя эмиссия 1,38 мкмоль CO_2 м $с^{-2-1}$. Этот участок был засажен эвкалиптом с начала XX века до 2003 года, когда он был заброшен на 10 лет и в основном занят травой, В этом году он был заново засажен лесом, и условия на нем ближе к условиям участка, где выращивается сахарный тростник, чем к условиям леса, из-за недавно высохшей травяной соломы на почве и истории движения техники во время уборки различных циклов эвкалипта.

Участок 23, засаженный лесом в 1918 году (Рисунок 8), имел среднюю эмиссию 1,92 мкмоль CO_2 м $с^{-2-1}$ (Рисунок 18), и находится в продвинутом состоянии восстановления, с густым подлеском, устоявшимися деревьями в лесном пологе и восстановленными экологическими функциями.

Среднее дыхание почвы на участке 23 (1,92 мкмоль CO_2 м $с^{-2-1}$) было на 31,25% выше, чем на участке 15 (1,38 мкмоль CO_2 м $с^{-2-1}$). Эта разница сходна со значением, которое некоторые авторы приписывают "автотрофному" дыханию, - 40-70% (HANSON et al., 2000; BOND-LAMBERTY et al., 2004; SUBKE et al., 2006). По мнению Дэвидсона и др. (2002), при одинаковых почвах и климатическом режиме различия в выбросах следует отнести на счет растительности. Однако, учитывая связанные с этим неопределенности, а также количество неизмеряемых переменных, невозможно четко разделить их вклад.

Выбросы CO_2 показали значительную отрицательную корреляцию с температурой воздуха, в то время как ожидалась бы положительная корреляция (RAICH & SCHLESINGER, 1992). Это может быть связано с тем, что при высоких температурах активность микроорганизмов снижается (KANG et al., 2003), а в период сбора материала не было зафиксировано низких температур, но, с другой стороны, наблюдались высокие температуры воздуха, до 50°C, особенно на участке 15 (рис. 7).

Температура почвы не показала значительной корреляции с выбросами, как это было отмечено другими авторами в штате Сан-Паулу (BICALHO et al., 2014). Это можно объяснить низкими колебаниями температуры в период сбора, где участок 15 (Рисунок) защищен соломой и травой, а участок 23 (Рисунок 8) защищен пологом леса, что поддерживает стабильную температуру почвы в обеих лесных формациях.

Влажность почвы показала значительную корреляцию с дыханием почвы, что было отмечено другими авторами, такими как Dias (2006) и Shi et al. (2014), которые обосновали тот факт, что микробная активность регулируется влажностью, благодаря химическим реакциям разложения M.O. (KANG et al., 2003).

Теплопроводность показала значительную положительную корреляцию с эмиссией CO_2, особенно на участке 15. Эта корреляция между тепловыми свойствами почвы и дыханием уже была показана в специальных исследованиях (NKONGOLO et al., 2010).

Влажность воздуха показала значительную положительную корреляцию с дыханием почвы, особенно на участке 23, где температура была ниже, чем на участке 15. Эта корреляция не ожидалась, так как в умеренном климате наблюдалась отрицательная корреляция между этими переменными (BILANDZIJA et al., 2014).

Время сбора показало значительную корреляцию с переменной дыхания почвы, особенно на участке 15, и оказалось одной из независимых переменных, используемых для прогнозирования выбросов CO_2, важной характеристикой которой является простота сбора информации. По мнению Сингха и Гупты (1978), суточные колебания CO_2 можно объяснить колебаниями температуры, которая меняется в зависимости от времени суток. С другой стороны, мы видим, что время суток коррелирует с несколькими переменными, измеренными в рамках проекта.

Как известно, измерение выбросов CO_2 из почвы требует дорогостоящего оборудования. Оборудование, разработанное на кафедре физики Unesp в Рио-Кларо (MORENO, 2012), оказалось жизнеспособной альтернативой при меньших затратах, позволяя получить значения дыхания почвы, аналогичные другим проектам, выполненным в штате Сан-Паулу (PANOSSO et al., 2009; BRITO et al., 2010; BICALHO et al., 2014), а также значительные корреляции с переменными окружающей среды, предложенными в специальной литературе (LLOYD AND TAYLOR, 1994; DAVIDSON et al., 1998; EPRON et al., 2006; OHASHI AND GYOKUSEN, 2007; NKONGOLO et al., 2010; ALLAIRE et al., 2012), что доказывает его эффективность.

Анализ корреляций между независимыми переменными и выбросами CO_2 показывает, что ни одна из них не способна удовлетворительно предсказать дыхание почвы. Предпосылка о том, что дыхание почвы может быть представлено линейной зависимостью, не находит подтверждения в литературе, даже при включении различных параметров (REICHSTEIN et al., 2002; 2005; DAVIDSON et al., 2006). Возможно, это связано с большим количеством факторов, влияющих на выбросы, и сложностью прогнозирования экстремальных данных.

Однако использование статистических методов, таких как робастная множественная линейная регрессия, оказалось эффективным при прогнозировании выбросов с новых лесных территорий, что можно объяснить наличием мультиколлинеарности (таблицы 6 и 7). Например, теплопроводность почвы зависит от влажности, поэтому в данном случае она является сопутствующей переменной. Было отмечено наличие несоответствующих наблюдений (*выбросов*) в зарегистрированных данных, что представляет собой два нарушения статистических предположений, которые не позволили бы их валидировать.

В попытке исправить это уравнение Кастеллано и др. (2017) создали модели множественной линейной регрессии для площадей, засаженных в 1918 и 2014 годах, с меньшим количеством случайных переменных, учитывая только температуру и влажность воздуха, атмосферное давление, соотношение C/N и влажность почвы. Множественная корреляция с учетом температуры воздуха показала лучшие результаты, чем корреляция с учетом температуры почвы и одной из переменных.

БЛАГОДАРНОСТИ

Авторы выражают благодарность CAPES за предоставление первому автору стипендии для обучения в магистратуре, FAPESP за проект 00241-5/2012, физическому факультету UNESP/Rio Claro за материально-техническую поддержку, а также исследователям, сотрудничавшим в проекте: Андре Мораес Деусте, Флавио Энрике Родригес, Леандро Ксавьер, Амаури Антонио Менгарио, Самия Мария Таук Торнисиело.

7. БИБЛИОГРАФИЧЕСКИЕ ССЫЛКИ

AYRES, et al. *BIOSTAT 5.0*. Белен: MCT - CNPq, 2007.

ALEXANDER, M. *Introducción a laMicrobiologia delSuelo*. Мексика: AGT Editor, 1980, 491 p.

ALLAIRE, S. E. et al. Многомасштабная пространственная изменчивость выбросов CO2 и корреляции с физико-химическими свойствами почвы. *Geoderma*, Amisterdam, n. 170, p. 251-260, 2012.

Байер, К. *Динамика органического вещества почвы в системах управления почвенным хозяйством.* 1996. 240 f. Диссертация (докторская степень по агрономии) - Федеральный университет Риу-Гранди-ду-Сул, 1996.

BAYER, C. et al. Влияние обработки почвы и системы земледелия на характеристики гуминовых кислот в почве, определенные с помощью спектроскопии электронного спинового резонанса и флуоресценции. *Геодерма*, Амстердам, n. 105, p. 81-92, 2002.

BAYER, C. et al. Поглощение углерода в двух бразильских почвах Серрадо при безотвальной обработке. *Исследование обработки почвы*, Амстердам, n. 86, p. 237-245, 2006.

BAYER, C. et al. Стабилизация углерода в почве и уменьшение выбросов парниковых газов в ресурсосберегающем сельском хозяйстве. In: KLAUBERG FILHO O.; MAFRA, A.L.; GATIBONI L.C. (ed.). *Tópicos em ciência do solo.* Viçosa: SBCS, 2011. p. 55-118.

BILANDZIJA, D.; ZGORELEC, Z.; KISIE, I. Влияние агроклиматических факторов на эмиссию CO2 из почвы. *Collegium Antropologicum*, n. 38, p. 77-83, 2014.

BISCALHO, E.S. et al. Структура пространственной изменчивости эмиссии CO2 из почвы и почвенных атрибутов в зоне сахарного тростника. *Agriculture Ecosystems & Environment*, Amsterdam, n. 189, p. 206-215, 2014.

BOLINDER, M. A.; ANGERS, D.A.; GIROUX, M. & LAVERDIERE, M.R. Оценка поступления углерода, сохраняемого в виде органического вещества почвы под кукурузой (Zea mays L.). *Plant Soil*, n. 215, p. 85-91, 1999.

BOND-LAMBERTY, B.; WANG, C. K.; GOWER, S. T. Глобальная связь между гетеротрофными и автотрофными компонентами почвенного дыхания? *Биология глобальных изменений,* n. 10, p.1756-66, 2004.

BRITO, L.F. et al. Эмиссия CO2 из почвы на полях сахарного тростника в зависимости от рельефа. *Scientia Agricola*, Piracicaba, n. 66, p. 77-83, .2009.

BRITO, L.F. et al. Пространственная изменчивость эмиссии CO2 из почвы поля сахарного тростника в различных топографических положениях. *Bragantia,* Campinas, n. 69, p. 10-27, 2010.

CALIJURI, C. C.; CUNHA, D.G.F.; MOCCELIN, J. Ecological Fundamentals and Natural Cycles. В книге: CALIJURI, C.C.; CUNHA, D.G.F. *Environmental Engineering Concepts, Technology and Management.* Rio de Janeiro: Elsiever, 2013. p. 131-154.

CAMPANILI, M; SCHAFFER, W. B. (Org.). *Mata Atlàntica: национальное наследие бразильцев (Биоразнообразие 34).* Бразилиа: Министерство окружающей среды, 2010. с. 1-408.

CARDOSO, E.L. et al. Запасы углерода и азота в почве под коренными лесами и пастбищами в биоме Пантанал. *Pesquisa agropecuària brasileira,* Brasilia, v. 45, n. 9, p. 1028-1035, 2010.

CASTELLANO, G. R. *Эмиссия CO2 из почвы на участках восстановления в Атлантическом лесу.* 2015. 88 f. Диссертация (степень магистра в области геонаук и окружающей среды). Институт геонаук и точных наукZUniversidade Estadual Paulista, Рио-Кларо, 2015.

CASTELLANO, G. R. et al. Количественная оценка эмиссии co2 из почвы на двух лесных участках, находящихся на разных стадиях регенерации в Атлантическом лесу. *Quimica Nova,* Sao Paulo, v.40, n.4, 2017

CHAMBERS, J. Q. et al. Дыхание экосистемы тропического леса: порционное распределение источников и низкая эффективность использования углерода. *Экологические приложения,* Вашингтон, т. 14, с. 72-88, 2004.

CHICOTA, R. *Полевая оценка сегментного TDR для определения влажности почвы.* 2003. 100 f. Диссертация (степень магистра агрономии) - Университет Сан-Паулу Луиса де Кейроза, Сельскохозяйственная школа, Пирасикаба, 2003.

CHUNG, H.; GROVE, J.H.; SIX, J. Индикаторы насыщения почвы углеродом в агроэкосистеме умеренного климата. *Американский журнал Общества почвоведения,* Мэдисон, т. 72, с. 1132-1139, 2008.

ДЭВИДСОН Е.А., ЯНССЕНС И.А., ЛУО Ю.К. Об изменчивости дыхания в наземных экосистемах: выход за пределы Q10. *Биология глобальных изменений,* т. 12, 154-164, 2006.

ДЭВИДСОН, Э. А. и др. Распределение углерода в подпочве леса, оцененное по данным измерений дыхания почвы с помощью литрового водопада и IRGA. *Сельскохозяйственная и лесная метеорология,* Сан-Андреан, т. 113, с. 39-41, 2002.

DAVIDSON, E. A., BELK, E., BOONE, R. D. Содержание воды в почве и температура как независимые или связанные факторы, контролирующие почвенное дыхание в температурном смешанном лиственном лесу. *Биология глобальных изменений,* n. 4, p. 217-227. 1998.

DENEF, K.; SIX, J. Вклад инкорпорированных остатков и живых корней в связанный с агрегатами и микробный углерод в двух почвах с различной минералогией глины. *Европейский журнал почвоведения*, n. 57, p. 774-786, 2006.

DENMANM, K.L. et al. Couplings Between Changes in the Climate System and Biogeochemistry. In: SOLOMON, S. et al. (eds) *Climate Change 2007*: The Physical Science Basis. Вклад Рабочей группы I в Четвертый оценочный доклад Межправительственной группы экспертов по изменению климата. Великобритания и США: Кембриджский университет, 2007 г.

ДИАС, Ж. Д. *Поток co2 от дыхания почвы в районах коренных лесов Амазонии*. 2006. 87 f. Диссертация (степень магистра - экология агроэкосистем) - Сельскохозяйственный факультет Университета Сан-Паулу Луиса де Кейроза. Пирасикаба, 2006.

DIXON, R.K. et al. Пулы и потоки углерода в глобальных лесных экосистемах. *Science,* New York, v. 263, p. 185-190, 1994.

DUAH-YENTUMI, S.; RONN, R., CHRISTENSES, S. Питательные вещества, ограничивающие рост микроорганизмов в почве тропического леса в Гане при различном управлении. *AppliedSoilEcology,* Amsterdam, v. 8, p. 19-24. 1998.

Сан-Паулу (штат). Департамент окружающей среды. *План управления лесами штата Эдмундо Наварро де Андраде.* CD ROOM: Институт лесного хозяйства, 2005.

МЕЖПРАВИТЕЛЬСТВЕННАЯ ГРУППА ЭКСПЕРТОВ ПО ИЗМЕНЕНИЮ КЛИМАТА. *Научные основы - 2001.* Available at http://www.ipcc.ch/ipccreports/tar/wg1/. Доступно 03 августа 2014 г.

МЕЖПРАВИТЕЛЬСТВЕННАЯ ГРУППА ЭКСПЕРТОВ ПО ИЗМЕНЕНИЮ КЛИМАТА. *Изменение климата в 2001 году: воздействие, адаптация и уязвимость. Вклад Рабочей группы II в Третий оценочный доклад Межправительственной группы экспертов по изменению климата.* Великобритания и США: Издательство Кембриджского университета, 2001.

ЭМБРАПА. Национальный центр исследования почв. *Бразильская система классификации почв.* 2 изд. Рио-де-Жанейро: Embrapa SPI, 2006. с. 306.

ЭПРОН, Д. и др. Эффлюкс co2 из почвы в буковом лесу: зависимость от температуры почвы и содержания в ней воды. *Анналы науки о лесе*, Париж, т. 56, с. 221-6, 1999.

ЭПРОН, Д. и др. Пространственная вариация дыхания почвы через топографический градиент в тропическом дождевом лесу во Французской Гвиане. *Журнал тропической экологии*, Абердин, т. 22, с. 565-474, 2006.

FANG, C. et al. Поток CO2 в почве и его особые вариации на плантации подсечной сосны во Флориде. *Plant Soil*, v. 205, p. 135-146, 1998.

ФАО - ПРОДОВОЛЬСТВЕННАЯ И СЕЛЬСКОХОЗЯЙСТВЕННАЯ ОРГАНИЗАЦИЯ ОРГАНИЗАЦИИ ОБЪЕДИНЕННЫХ НАЦИЙ. *Состояние лесов мира 2001*. Рим: Продовольственная и сельскохозяйственная организация. 2001. стр. 181.

ФЕРНАНДЕС, Т. Дж. Г. *Вклад сертификатов сокращенных выбросов (ССВ) в экономическую жизнеспособность гевеи*. 2003. 82 f. Диссертация (доктор наук в области лесного хозяйства) Федеральный университет Висозы, Висоза. 2003.

FORSTER, H. W.; MELLO, A. C. G. Биомасса воздушных корней в гетерогенных лесовосстановительных насаждениях в долине Паранапанема, штат Сан-Паулу. *Instituto Florestal - Série Registro*, Sao Paulo, n.31, p. 153-157, 2007.

FUENTES, J. P. et al. Влияние извести на микробную активность в почве с длительной безотвальной обработкой. *Tillage Research*, Amsterdam, n. 88, p. 123- 131, 2006.

GALE, W.J.; CAMBARDELLA, C.A.; BAILEY, T.B. Поверхностные остатки и углерод, выделяемый корнями, в стабильных и нестабильных агрегатах. *Журнал Американского общества почвоведения*, n. 64, p. 196-201, 2000.

GARDNER, W.H. Содержание воды. В: KLUTE, A. (Ed.) *Methods of soil analysis I*: Physical and mineralogical methods. Madison: Soil Science Society of America, 1986. p. 493-544.

GARZELLA T. P. *Автоматизация и использование скоростного считывания в программе управления орошением*. 2011. 99 f Диссертация (докторская степень) - Университет Сан-Паулу/Школа сельского хозяйства Луиса де Кейроза. 2011.

GRACE, J. Углеродный цикл. In: Simon Levin (Ed). *Encyclopedia of Biodiversity*, New York: Academic Press, 2001. p 69-629. v 1.

Грин, У. Х., *Эконометрический анализ*. 6. ed. New Jersey: Prentice Hall, 2008. 1178 p.

GREGORICH, E.G.; ELLERT, B.H.; MONREAL, C.M. Оборот органического вещества почвы и хранение углерода кукурузных остатков, оцененные по естественному[13] C обилию. *Canadian Journal of Soil Science*, n. 75, p. 161-167, 1995.

Гольчин, А. и др. Структура почвы и круговорот углерода. *Австралийский журнал почвенных исследований*, Виктория, № 32, с. 1043-1068, 1994.

HAIR JR., J. F.; ANDERSON, R. E.; TATHAM, R. L.; BLACK, W. C. *Многомерный анализ данных*. 5. ed. Porto Alegre: Bookman, 2005. 688 p.

HANSON, P. J. et al. Разделение вклада корней и почвенных микроорганизмов в дыхание почвы: обзор методов и наблюдений. *Биогеохимия*, Орегон, n. 48, p. 115-46, 2000.

HASSINK, J. Способность почв сохранять органический углерод и азот путем их ассоциации с глинистыми и иловыми частицами. *Plant Soil*, n. 191, p. 77-87, 1997.

HOGBERG, P.; NORDGREN, A.; BUCHMANN, N. Крупномасштабное обрезание леса показывает, что текущий фотосинтез управляет дыханием почвы. *Nature*, n. 411, p. 789-92, 2001.

HORA R, C.; PRIMAVESI. O.; SOARES J.J. Вклад листьев лиан в производство подстилки во фрагменте полулиственного сезонного леса в Сао-Карлосе, Южная Африка. *Revista Brasileira de Botânica*, v.31, n.2, p.277-285, 2008.

JENKINSON, D.S. Органическое вещество почвы: эволюция. In: TERRON, P.U.; ROJO, C. (Ed) *Soil conditions and plant development according to Russell*. Мадрид: Mundi Prensa, 1992. 500 p.

KANG, S. Y. et al. Топографический и климатический контроль дыхания почвы на шести склонах смешанных садовых лесов умеренного климата. Корея. *Биология глобальных изменений*, Oxon, v.9, n. 10, p. 1427-1437, 2003.

KELLER, M.; KAPLAN, W. A.; WOFSY, S. C. Эмиссия N_2O, CH_4 и CO_2 из почв тропических лесов. *Журнал геофизических исследований атмосферы*, Вашингтон, v.91, n.11, p.17911802, 1986.

KHOMIK, M.; ARAIN, M.A.; McCAUGHEY, J. H.; временная и специальная изменчивость почвенного дыхания в бореальном смешанном лесу. *Сельскохозяйственная и лесная метеорология*, Амстердам, n.44, p. 244-256, 2006.

KJELDAHL, J. *Neue Methode zur Bestimmung des Stickstoffs in organischen Korpern*, Z. Anal. Chem., v. 22, p. 366-382, 1883.

KLUTHCOUSKI, J.; AIDAR, H. Внедрение, управление и результаты, полученные с помощью системы Санта-Фе. In: KLUTHCOUSKI, J.; STONE, L.F.; AIDAR, H. (Org.) *Crop-livestock integration*. Santo Antônio de Goiàs: Embrapa Arroz e Feijao, 2003. p.407-459.

KLUTHCOUSKI, J.; STONE, L.F. Производительность однолетних культур на соломе брахиарии. In: KLUTHCOUSKI, J.; STONE, L.F.; AIDAR, H. (eds). *Интеграция растениеводства и животноводства*. Santo Antônio de Goiàs: Embrapa Arroz e Feijao, 2003. p.500-522.

КОГЕЛЬ-КНАБНЕР, И. Аналитические подходы к определению характеристик органического вещества почвы. *Org. Geochem.*, n. 31, p. 609-625, 2000.

KUNTORO, A.; WAHYU, A. Влияние вырубки лесов на региональный баланс углерода суши: исследование на примере острова Борнео. *Журнал международного развития и сотрудничества*, Япония, т. 15, с. 141-165, 2009.

KUTSCH. W. L.; BANH, M.; HEINEMEYER, A. *Soil Carbon Dynamic: an integrated methodology.* Великобритания: Издательство Кембриджского университета, 2010, 298 с.

LA SCALA, Jr. N; PANOSSO A.R; PEREIRA G.T. Моделирование краткосрочных временных изменений эмиссии CO_2 из обнаженной почвы в тропической агросистеме с использованием метеорологических данных. *Прикладная экология почв*, т. 24, Амстердам, с. 113-116, 2003.

LA SCALA, Jr. N. et al. Краткосрочные временные изменения в модели пространственной изменчивости выбросов CO из обнаженной почвы Бразилии. *Soil Biology & Biochemistry*, Oxford, v.32, n.10, p. 14591462, 2000.

LEÓDIDO L.M. *Разработка методов и средств динамической калибровки датчиков парниковых газов.* 2006. 106 f. Диссертация (степень магистра) - Технологический факультет/Университет Бразилиа - DF, Бразилиа. 2006.

LI, Y.; LINDDSTROM, M.J. Оценка взаимосвязи качества почвы и ее перераспределения на террасах и склоне холма. *Журнал почвоведения Амстендарс.* v. 65, p. 1500 - 1508, 2001.

LLOYD, J.; TAYLOR, A. О температурной зависимости функционального дыхания почвы. *Экология*, Оксфорд, v.8, n.3 p. 315-323, 1994.

ЛОВАТО, Т. и др. Добавление углерода и азота и их связь с запасами почвы и урожайностью кукурузы в системах управления. *Revista Brasileira de Ciências do Solo*, n. 28, p.175-187, 2004.

MACHADO, F.B.; NARDY, A.J.R.; OLIVEIRA, M.A.F. Геология и петрологические аспекты мезозойских интрузивных пород восточного края бассейна Парана в штате Сан-Паулу. *Revista Brasileira de Geociências*, n. 37, p.64-80, 2007.

MCDOWELL, N.G. et al. Оценка потока CO_2 из снежных пакетов на трех участках в Скалистых горах. *Физиология деревьев*, n. 20, p.745-753, 2000.

МОНТЕЙРО, К.А.Ф. - *Динамика климата и количество осадков в штате Сан-Паулу (географическое исследование в форме атласа).* Институт географии, USP, 1973.

MOREIRA R. M.; SILVA A. U. Производство листовой подстилки и площадь лесовосстановления. *Revista Arvore*, Viçosa, v.28, n.1, p.49-59, 2004.

MORENO, L.X. *Разработка системы для анализа потока CO2 в почве методом адсорбции инфракрасного излучения.* 2012. 82 f. Диссертация (степень магистра) - Институт геонаук и точных наук/ Государственный университет Паулиста "Хулио де Мескита Фильо", Рио-Кларо. 2012.

NCONGOLO, V. K. et al. Потоки парниковых газов и тепловые свойства почвы на пастбище в центральной части штата Миссури. *Журнал наук об окружающей среде,* т. 22(7), с. 1029-1039.

NICOLOSO, R.S. *Механизмы стабилизации почвенного органического углерода в агроэкосистемах умеренного и субтропического пояса.* 2009. 108 f. Диссертация (докторская) - Федеральный университет Санта-Марии, Санта-Мария. 2009.

NUNES, P. C. *Влияние потока co2 из почвы на производство кормов на экстенсивном пастбище и в агросильвопастбищной системе.* 2003. 68 f. Диссертация (степень магистра наук по тропическому сельскому хозяйству) - факультет агрономии и ветеринарной медицины/ Федеральный университет Мату-Гросу, Куяба. 2003.

OADES, J.M.; GILLMAN, G.P.; UEHARA, G. Взаимодействие органического вещества почвы и глины с переменным зарядом. In: COLEMAN, D.C.; OADES, J.M. & UEHARA, G. (Org.) *Dynamics of soil organic matter in tropical ecosystems.* Honolulu: Hawaii Press, 1989. p.69-95.

OADES, J.M.; WATERS, A.G. Иерархия агрегатов в почвах. *Австралийский журнал почвенных исследований,* Коллингвуд, т. 29, с.815-828, 1991.

ОДУМ , Е. П. Стратегия развития экосистем. *Science,* n. 164, 262-70. 1969.

OHASHI, M., GYOKUSEN, K. Временной шанс в пространственной изменчивости почвенного дыхания на склоне леса из японского кедра (*Cryptomeria japonica* D. Don). *Биология и биохимия почв,* Оксфорд, n. 39, p. 1130- 1138, 2007.

PANOSSO, A.R. et al. Пространственная и временная изменчивость эмиссии co2 из почвы на участке сахарного тростника при зеленом и подсечно-огневом способах обработки. *Исследование обработки почвы,* Амстердам, n. 105, p. 275-282, 2009.

PANOSSO, A. R. et al. Эмиссия co2 в почве и ее связь со свойствами почвы на участках сахарного тростника при подсечно-огневой и зеленой уборке. *Исследование обработки почвы,* Амстердам, n. 111, p. 190196, 2011.

PEIXOTO, M.F.S. *Физические, химические и биологические признаки как индикаторы качества почвы,* 2008.

PENTEADO, M.M.A. Тектонические следствия в генезисе куэст бассейна Рио-Кларо (SP). In:(Org.)*Noticia Geomorfológica.* Campinas, vol. 15, no. 8, p. 19-41, 1968.

ПЕНТЕАДО, М.М.А. Геоморфологическое исследование городской территории Рио-Кларо. In:(Org.) *Noticia Geomorfológica*, Campinas, n.° 42, p. 23-56, 1981.

PRIWITZER, T.; CAPULIAK, J.; BOSELA, M.; SCHWARS, M. Предварительные результаты исследования дыхания почвы в буковых, еловых и травянистых насаждениях. *Лесной журнал*, Братислава, n.59 (3), p 189-196, 2013.

REICHSTEIN, et al. Экосистемное дыхание в двух средиземноморских вечнозеленых лесах из дуба гольмового: влияние засухи и динамика разложения. *Функциональная экология*, т. 16, с. 27-39, 2006.

REICHSTEIN, et al. О разделении чистого обмена экосистем на ассимиляцию и дыхание экосистем: обзор и улучшенный алгоритм. *Global Change Biology*, v.11, p. 14241439, 2005.

RAICH, J. W; SCHLESINGER, W. H. Глобальный поток двуокиси углерода в дыхании почвы в связи с растительностью и климатом. *Теллус*, Копенгаген, № 44, с. 81-99, 1992.

РОДРИГУЕС Р. Р. Растительность Пирасикабы и прилегающих муниципалитетов. *Circular tècnica IPEF*, Piracicaba, n. 189, p. 1-17, 1999.

ROSS, S. *Soil processes a systematic approach.* Нью-Йорк: Routledge, 1989, 444 c.

SABINE, C.L. et al. The oceanic sink for anthropogenic CO2, *Science*, v. 305, p. 367-371, 2004.

SABINO, C. V.; LAGE, V. L.; ALMEIDA, K. C. B. Использование робастных статистических методов в экологическом анализе. *Eng Sanit Ambiental*, специальный выпуск, p. 87-94, 2014.

Сан-Паулу (штат). Государственный секретариат по охране окружающей среды - Проект "Биота" - Сан-Паулу. *Probio,* 1998.

SCHLESINGER, W. H. *Biogeochemistry: analysis of global change.* 2. ed. Oxon: Academic Press, 1997. 234 p.

SCHINDLBACHER, A. et al. Зимнее дыхание почвы австрийского горного леса. *Agricultural And Forest Metereology*, Amsterdam, n. 146, p. 205-215, 2007.

SHI W. Y. et al. Выбросы CO2 из почвы при пяти различных типах землепользования на полузасушливом Лёссовом плато Китая с акцентом на вклад зимнего дыхания почвы. *Атмосферная среда*, n.88, p.74-82, 2014.

SINGH, J. S.; GUPTA, S. R. Разложение растений и почвенное дыхание в наземных экосистемах. *Botanical Review*, New York, v.43, n.4, p.499-528, 1977.

SIX, J. et al. Механизмы стабилизации органического вещества почвы: последствия для насыщения почв углеродом. *Plant Soil*, n. 241, p. 155-176, 2002.

COTTA, E. Д. *Поток со2 между почвой и атмосферой в тропическом дождевом лесу в Центральной Амазонии.* 1998. 150 f. Диссертация (степень магистра лесных наук) - Национальный институт исследований Амазонии, Манаус. 1998.

SOTTA, E. F. et al. Эффлюкс почвенного со2 в тропическом лесу в центральной Амазонии. *Биология глобальных изменений,* Оксфорд, v.10, n.5, p. 601-617, 2004.

SIQUEIRA, J.O.; FRANCO, A.A. *Biotecnologia do solo: fundamentos e perspectivas.* Бразилиа: MEC/ABEAS; Лаврас: ESAL/FAEPE, 1988. 236 с.

STEWART, C.E. et al. Насыщенность почвы углеродом: связь между концепцией и измеряемыми пулами углерода. *Журнал Американского общества почвоведения,* № 72, с. 379-392, 2008 г.

STEWART, C.E. et al. Насыщение почвы углеродом: последствия для измеряемой динамики пула углерода в долгосрочных инкубациях. *Биология и биохимия почв,* Оксфорд, n.41, p. 357-366, 2009.

SUBKE, J. A.; INGLIMA, I.; COTRUFO, M. F. Тенденции и методологические последствия в разделении потоков CO2 в почве: мета-аналитический обзор. *Биология глобальных изменений,* n.12, p. 921-43, 2006.

TEIXEIRA, D.D.B. et al. Пространственная изменчивость эмиссии со2 из почвы в зоне сахарного тростника, характеризуемой вторичной информацией. *Scientia Agricola,* Piracicaba, n. 70, p. 195-203, 2013.

THORNTWAITE, C.W.; MATHER, J.R. *The water balance.* Centerton, N.J.: The Laboratory of Climatology, 1981, 104 p.

TISDALL, J.M.; OADES, J.M. Органическое вещество и водоустойчивые агрегаты в почвах. *Журнал почвоведения,* n. 33, p. 141-163, 1982.

TRUMBORE, S.E. et al. Сезонные изменения скорости почвенного дыхания в почвах хвойных лесов.

Биология и биохимия почв, Оксфорд, v. 34, n.9, p. 1375-1379, 2002.

URQUIAGA, S. et al. Изменения в запасах углерода и выбросах парниковых газов в почвах тропических и субтропических регионов Бразилии: критический анализ. *Informe Agronomico,* n. 130, p.12-21, 2010.

RAZAFIMBELO, T.M. et al. Агрегат, связанный с C, и физическая защита тропической глинистой почвы в Малагасийском регионе при традиционной и нулевой системах обработки. *Soil & Tillage Research,* n. 98, p. 140-149, 2008.

VAN BAVEL, C. H. M. Теория аэрации почвы, основанная на диффузии, *Почвоведение,* n.72, p. 3346, 1951

VAN BAVEL, C. H. M. Газообразная диффузия и пористость в пористых средах. *Почвоведение*, n. 73, p. 91-104, 1952.

VELOSO, H. P.; RANGEL FILHO, A. L. R.; LIMA, J. C. A. *Классификация растительности Бразилии, адаптированная к универсальной системе.* Рио-де-Жанейро: IBGE (Департамент природных ресурсов и экологических исследований), 1991. 124 p.

VESTERDAK, L. et al. Углерод и азот в лесной подстилке и минеральной почве под шестью распространенными европейскими видами деревьев. *Лесная экология и управление*, n.255, p 78-83, 2008.

УОТСОН Т.Р., НОБЛ Р.И., БОЛИН Б., РАВИНДРАНАТХ Н.Х., ВЕРАРДО Д.Д., ДОКЕН Д.Д. *Землепользование, изменение землепользования и лесное хозяйство.* Специальный доклад. Межправительственная группа экспертов по изменению климата. Кембридж, Великобритания, Издательство Кембриджского университета. 2000.

YEOMANS, J.C. & BREMNER, J.M. Быстрый и точный метод для рутинного определения органического углерода в почве. *Comm. Soil Sci. Plant Anal.*, 19:1467-1476, 1988.

ЗАЛАМЕНА, Ж. *Влияние землепользования на химические и физические свойства почв на краю плато - РС.* 2008. 79p. Диссертация (степень магистра по почвоведению). Университет Санта-Мария - РС, Санта-Мария, 2008.

ПРИЛОЖЕНИЕ 01 - Данные, использованные для подготовки

множественной линейной регрессии

Измерение	Расписание	Выпуск	Уми. Воздух (°C)	Температура воздуха. Воздух (° C)	P Атм (гПа)	Влажность. Почва (%)	Температура почвы. Почва (° C)	Конд. Терни, (W*nГ⁻¹ K)⁻¹	C /N
1	8,41	1,08	54	23,7	940,2	26,0	18,31	0,63	10,14
2	9,55	2,29	41	24,8	940,8	40,9	19,76	1,06	10,63
3	9,65	2,23	41	27,3	940,8	40,9	19,76	1,06	10,63
4	9,75	2,01	29	33,3	940,8	40,9	19,76	1,06	10,63
5	10,3	2,10	33	30,2	940,8	37,7	19,41	0,97	10,27
6	10,41	2,17	35	28,5	940,5	37,7	19,41	0,97	10,27
7	10,22	2,28	35	29,7	940,5	37,7	19,41	0,97	10,27
8	10,98	1,79	24	35,8	940,1	22,8	21,82	1,07	11,94
9	11,04	1,84	22	37,2	939,7	22,8	21,82	1,07	11,94
10	11,23	1,93	24	35,5	939,7	22,8	21,82	1,07	11,94
11	14,66	2,01	15	43,4	940,8	21,6	33,02	0,41	12,63
12	14,8	2,06	12	46,2	940,5	21,6	33,02	0,41	12,63
13	14,93	1,96	15	48,3	940,5	21,6	33,02	0,41	12,63
14	16,06	1,61	13	36,3	934,6	31,9	23,45	0,92	8,57
15	16,21	1,53	13	36,6	933,8	31,9	23,45	0,92	8,57
16	16,33	1,33	13	36,6	934	31,9	23,45	0,92	8,57
17	16,95	1,71	21	32	934,2	40,9	23,49	0,96	10,01
18	17,06	1,71	23	31,1	934,2	40,9	23,49	0,96	10,01
19	17,18	1,77	26	30,8	934,2	40,9	23,49	0,96	10,01
20	14,2	0,96	13	45,3	932,4	46,2	25,735	0,96	10,63
21	14,3	0,89	13	45,4	932,4	47,2	25,735	0,96	10,63
22	14,41	1,01	12	46,9	932,2	48,2	25,735	0,96	10,63
23	14,85	1,61	11	47,5	931,5	29,5	35,295	0,86	13,63
24	14,95	1,68	12	46,9	931,9	30,5	35,295	0,86	13,63
25	15,1	1,57	12	46,2	931,9	31,5	35,295	0,86	13,63
26	15,21	1,15	14	44,3	931,9	33,2	29,14	0,73	10,63
27	15,45	1,06	11	47,4	931,9	35,2	29,14	0,73	10,63
Измерение	Расписание	Выпуск	Уми. Воздух (°C)	Температура воздуха. Воздух (° C)	P Атм (гПа)	Влажность. Почва (%)	Температура почвы. Почва (° C)	Конд. Терни (W⅛Г⁻¹ K)⁻¹	C /N
28	15,53	0,98	15	48	931,9	36,2	29,14	0,73	10,63
29	15,95	1,61	13	45	932,4	32,3	27,49	0,57	18,81
30	16,05	1,60	13	40,4	931,8	33,3	27,49	0,57	18,81
31	16,26	1,61	17	37,1	932	35,3	27,49	0,57	18,81
32	16,36	1,60	15	37,3	932	36,3	27,49	0,57	18,81
33	7,25	0,64	64	23,9	939	28,5	22,55	0,41	9,51
34	7,5	0,68	54	26,3	939,5	28,5	22,55	0,41	9,51
35	7,66	0,65	48	28	939	28,5	22,55	0,41	9,51
36	8	0,68	45	30,4	940,4	28,5	22,55	0,41	9,51
37	8,23	0,93	40	34	940,4	26,5	23,94	0,49	9,95
38	8,51	0,93	28	40,7	940,3	26,5	23,94	0,49	9,95
39	8,61	0,86	14	44,3	940	26,5	23,94	0,49	9,95
40	8,76	0,86	25	41,5	940	26,5	23,94	0,49	9,95
41	8,98	0,61	22	42,4	940,2	25,2	23,32	0,34	10,69
42	9,11	0,69	29	39,3	940,5	25,2	23,32	0,34	10,69
43	9,26	0,64	25	40,5	940,5	25,2	23,32	0,34	10,69
44	9,51	0,58	23,2	37,3	940,6	25,2	23,32	0,34	10,69
45	9,6	0,51	33	36,7	940,6	25,2	23,32	0,34	10,69

46	9,76	0,75	31	37,9	940,4	30,2	25,1	0,80	9,68
47	9,88	0,98	26	41,6	940,4	30,2	25,1	0,80	9,68
48	9,98	0,93	14	44,8	940,4	30,2	25,1	0,80	9,68
49	10,21	0,86	11	47,3	940	30,2	25,1	0,80	9,68
50	13,33	3,86	53	28	940,4	53,8	23,02	0,299	8,19
51	13,45	2,54	56	28	940,4	53,8	23,02	0,299	8,19
52	13,58	2,38	64	29,5	940,3	53,8	23,02	0,299	8,19
53	13,7	2,30	54	30,1	940,3	53,8	23,02	0,299	8,19
54	13,86	2,08	54	29,5	940,2	53,8	23,02	0,299	8,19
55	14,13	1,59	47	30,5	940,3	47,1	23,43	0,289	9,66*

Измерение	Расписание	Выпуск	Уми. Воздух (°C)	Температура воздуха. Воздух (°C)	Р Атм (гПа)	Влажность. Почва (%)	Температура почвы Почва (°C)	Конд. Терни ($W*m^{-1} K$)$^{-1}$	C/N
56	14,31	1,68	49	30,1	940,2	47,1	23,43	0,289	9,66*
57	14,56	1,56	56	29,5	940,3	47,1	23,43	0,289	9,66*
58	14,65	1,55	54	29,3	940,1	47,1	23,43	0,289	9,66*
59	14,8	1,56	66	28,6	939,9	47,1	23,43	0,289	9,66*
60	15,33	1,47	57	28,7	940	50,5	23,3	0,449	8,67
61	15,13	1,03	62	28,7	939,7	50,5	23,3	0,449	8,67
62	15,3	1,11	64	28,4	939,6	50,5	23,3	0,449	8,67
63	15,41	0,92	66	28,1	939,6	50,5	23,3	0,449	8,67
64	15,6	1,19	62	28,3	939,4	50,5	23,3	0,449	8,67
65	15,88	1,32	61	28,7	939,5	48,8	22,95	0,32	8,42
66	16,01	1,09	66	28,7	939,5	48,8	22,95	0,32	8,42
67	16,11	1,25	65	28,2	939,3	48,8	22,95	0,32	8,42
68	16,25	1,39	58	27,9	939,2	48,8	22,95	0,32	8,42
69	14	0,85	47	27	940,2	43,8	21,42*	0,48*	11,39
70	14,01	0,76	49	27	940,3	43,8	21,42*	0,48*	11,39
71	14,03	0,61	48	27,1	940,2	43,8	21,42*	0,48*	11,39
72	7,2	0,89	48	27,2	940,3	43,8	21,42*	0,48*	11,39
73	15	3,04	80	26	939,5	65,6	22,51	0,58	10,61
74	15,25	2,92	78	26,2	939,5	65,6	22,51	0,58	10,61
75	15,36	2,76	78	26,5	939,3	65,6	22,51	0,58	10,61
76	15,5	1,97	77	26	939,2	65,6	22,51	0,58	10,61
77	15,66	1,75	70	26	939,7	60,6	22,48	0,55	10,81
78	16	2,57	72	25,8	939,6	60,6	22,48	0,55	10,81
79	16,01	1,23	70	25,8	939,6	60,6	22,48	0,55	10,81
80	16,31	3,35	68	26	939,4	60,6	22,48	0,55	10,81
81	16,5	2,73	68	26	939,5	60,6	22,48	0,55	10,81
82	16,75	2,07	65	25,5	940,2	53,8	22,85	0,72	10,46
83	17	2,57	60	25,5	940,3	53,8	22,85	0,72	10,46

Измерение	Расписание	Выпуск	Уми. Воздух (°C)	Температура воздуха. Воздух (°C)	Р Атм (гПа)	Влажность. Почва (%)	Температура почвы. Почва (°C)	Тепловой конденсат ($Вт*м^{-1} K$)$^{-1}$	C/N
56	14,31	1,68	49	30,1	940,2	47,1	23,43	0,289	9,66*
57	14,56	1,56	56	29,5	940,3	47,1	23,43	0,289	9,66*
58	14,65	1,55	54	29,3	940,1	47,1	23,43	0,289	9,66*
59	14,8	1,56	66	28,6	939,9	47,1	23,43	0,289	9,66*
60	15,33	1,47	57	28,7	940	50,5	23,3	0,449	8,67
61	15,13	1,03	62	28,7	939,7	50,5	23,3	0,449	8,67
62	15,3	1,11	64	28,4	939,6	50,5	23,3	0,449	8,67
63	15,41	0,92	66	28,1	939,6	50,5	23,3	0,449	8,67
64	15,6	1,19	62	28,3	939,4	50,5	23,3	0,449	8,67
65	15,88	1,32	61	28,7	939,5	48,8	22,95	0,32	8,42
66	16,01	1,09	66	28,7	939,5	48,8	22,95	0,32	8,42
67	16,11	1,25	65	28,2	939,3	48,8	22,95	0,32	8,42
68	16,25	1,39	58	27,9	939,2	48,8	22,95	0,32	8,42
69	14	0,85	47	27	940,2	43,8	21,42*	0,48*	11,39
70	14,01	0,76	49	27	940,3	43,8	21,42*	0,48*	11,39
71	14,03	0,61	48	27,1	940,2	43,8	21,42*	0,48*	11,39

Измерение	Расписание	Выпуск	Уми. Воздух (°C)	Температура воздуха. Воздух (°C)	Р Атм (гПа)	Влажность. Почва (%)	Температура почвы. Почва (°C)	Тепловой конденсат (Вт*м⁻¹ К)⁻¹	C/N
72	7,2	0,89	48	27,2	940,3	43,8	21,42*	0,48*	11,39
73	15	3,04	80	26	939,5	65,6	22,51	0,58	10,61
74	15,25	2,92	78	26,2	939,5	65,6	22,51	0,58	10,61
75	15,36	2,76	78	26,5	939,3	65,6	22,51	0,58	10,61
76	15,5	1,97	77	26	939,2	65,6	22,51	0,58	10,61
77	15,66	1,75	70	26	939,7	60,6	22,48	0,55	10,81
78	16	2,57	72	25,8	939,6	60,6	22,48	0,55	10,81
79	16,01	1,23	70	25,8	939,6	60,6	22,48	0,55	10,81
80	16,31	3,35	68	26	939,4	60,6	22,48	0,55	10,81
81	16,5	2,73	68	26	939,5	60,6	22,48	0,55	10,81
82	16,75	2,07	65	25,5	940,2	53,8	22,85	0,72	10,46
83	17	2,57	60	25,5	940,3	53,8	22,85	0,72	10,46

Измерение	Расписание	Выпуск	Уми. Воздух (°C)	Температура воздуха. Воздух (°C)	Р Атм (гПа)	Влажность. Почва (%)	Температура почвы. Почва (°C)	Тепловой конденсат (Вт*м⁻¹ К)⁻¹	C/N
84	17,25	2,86	60	25,3	939,5	53,8	22,85	0,72	10,46
85	17,5	3,02	60	25,3	939,5	53,8	22,85	0,72	10,46
86	14,61	1,59	81	25,2	945,4	57,2	21,17	0,66	8,77
87	14,75	1,95	84	25,2	945,4	57,2	21,17	0,66	8,77
88	14,86	1,99	81	25,4	945,2	57,2	21,17	0,66	8,77
89	15,16	1,98	80	25,2	945,1	57,2	21,17	0,66	8,77
90	10,38	1,64	86	23,2	945,9	57,2	21,42*	0,48*	9,66
91	10,66	1,73	88	23,3	945,6	53,8	21,42*	0,48*	9,66
92	10,91	2,59	89	23,5	945,3	63,9	21,42*	0,48*	9,66
93	11,08	2,14	89	24,2	945,2	50,5	21,42*	0,48*	9,66
94	11,33	2,49	88	24,7	945,0	67,3	21,42*	0,48*	9,66
95	9,83	2,10	89	19,4	948,6	39,9	18	0,48*	9,66
96	10,08	2,03	88	19,6	948,8	39,9	18	0,48*	9,66
97	10,25	1,67	92	18,9	948,5	34,0	18	0,48*	9,66
98	9,58	2,40	77	21	949,3	70,0	18	0,48*	9,66

ПРИЛОЖЕНИЕ 02 - Результаты множественной линейной регрессии

Область	Измеренная проблема	Наблюдаемая эмиссия	Расчетный Множественная регрессия	выброс линейная White-Hubber	Робуста
TALK 15	1	1,08	0,84	0,84	0,95
	2	2,29	2,20	2,20	2,19
	3	2,23	2,04	2,04	2,06
	4	2,01	1,89	1,89	1,90
	5	2,10	1,78	1,78	1,82
	6	2,17	1,83	1,83	1,85
	7	2,28	1,74	1,74	1,78
	8	1,79	1,46	1,46	1,68
	9	1,84	1,36	1,36	1,59
	10	1,93	1,44	1,44	1,67
	11	2,01	1,87	1,87	1,88
	12	2,06	1,72	1,72	1,74
	13	1,96	1,53	1,53	1,60
	14	1,61	1,37	1,37	1,38
	15	1,53	1,26	1,26	1,28
	16	1,33	1,29	1,29	1,31
	17	1,71	1,91	1,91	1,89

Область	Измеренная проблема	Наблюдаемая эмиссия	Расчетный выброс Множественная регрессия	линейная	White-Hubber	Робуста
	18	1,71	1,94		1,94	1,92
	19	1,77	1,91		1,91	1,90
	20	0,96	1,35		1,35	1,26
	21	0,89	1,38		1,38	1,28
	22	1,01	1,32		1,32	1,22
	23	1,61	1,62		1,62	1,58
	24	1,68	1,72		1,72	1,67
	25	1,57	1,80		1,80	1,75
	26	1,15	1,06		1,06	1
	27	1,06	0,99		0,99	0,94
	28	0,98	0,92		0,92	0,88
	29	1,61	1,24		1,24	1,42
	30	1,60	1,50		1,50	1,63
	31	1,61	1,74		1,74	1,84
	32	1,60	1,80		1,80	1,88
	33	0,64	0,74		0,74	0,69
	34	0,68	0,84		0,84	0,77
	35	0,65	0,79		0,79	0,71
	36	0,68	0,86		0,86	0,81
	37	0,93	0,90		0,90	0,88
	38	0,93	0,69		0,69	0,69
	39	0,86	0,70		0,70	0,66
	40	0,86	0,68		0,68	0,66
	41	0,61	0,51		0,51	0,51
ТАЙХВО 15	42	0,69	0,61		0,61	0,63
	43	0,64	0,62		0,62	0,63
	44	0,58	0,88		0,88	0,85
	45	0,51	0,74		0,74	0,75
	46	0,75	1,39		1,39	1,39
	47	0,98	1,25		1,25	1,27
	48	0,93	1,27		1,27	1,26
	49	0,86	1,13		1,13	1,14
ТАБЛИЦА 23	50	3,86	1,82		1,82	1,57
	51	2,54	1,77		1,77	1,54
	52	2,38	1,52		1,52	1,34
	53	2,30	1,67		1,67	1,46
	54	2,08	1,70		1,70	1,49
	55	1,59	1,68		1,68	1,54
	56	1,68	1,66		1,66	1,53
	57	1,56	1,59		1,59	1,49
	58	1,55	1,62		1,62	1,51
	59	1,56	1,42		1,42	1,37
	60	1,47	1,81		1,81	1,70
	61	1,03	1,67		1,67	1,58
	62	1,11	1,65		1,65	1,57
	63	0,92	1,63		1,63	1,56
	64	1,19	1,68		1,68	1,60

Область	Измеренная проблема	Наблюдаемая эмиссия	Расчетный Множественная регрессия	выброс линейная White-Hubber	Робуста
	65	1,32	1,47	1,47	1,39
	66	1,09	1,38	1,38	1,33
	67	1,25	1,42	1,42	1,35
	68	1,39	1,56	1,56	1,46
	69	0,85	1,84	1,84	1,82
	70	0,76	1,81	1,81	1,80
	71	0,61	1,81	1,81	1,80
	72	0,89	1,56	1,56	1,39
	73	3,04	2,15	2,15	2,05
	74	2,92	2,18	2,18	2,08
	75	2,76	2,15	2,15	2,05
	76	1,97	2,19	2,19	2,09
	77	1,75	2,19	2,19	2,11
	78	2,57	2,17	2,17	2,10
	79	1,23	2,21	2,21	2,13
	80	3,35	2,22	2,22	2,14
	81	2,73	2,24	2,24	2,17
	82	2,07	2,35	2,35	2,36
	83	2,57	2,47	2,47	2,45
TALK 23	84	2,86	2,40	2,40	2,39
TALK 23	85	3,02	2,41	2,41	2,40
TALK 23	86	1,59	2,36	2,36	2,38
TALK 23	87	1,95	2,31	2,31	2,34
	88	1,99	2,34	2,34	2,36
	89	1,98	2,37	2,37	2,39
	90	1,64	2,21	2,21	2,11
	91	1,73	2,02	2,02	1,98
	92	2,59	2,32	2,32	2,18
	93	2,14	1,80	1,80	1,82
	94	2,49	2,36	2,36	2,20
	95	2,10	1,73	1,73	1,87
	96	2,03	1,77	1,77	1,91
	97	1,67	1,51	1,51	1,73
	98	2,40	2,97	2,97	2,75